金华安地智慧灌区的研究与实践

JINHUA ANDI ZHIHUI GUANQU DE
YANJIU YU SHIJIAN

郑雷——著

浙江工商大学出版社
ZHEJIANG GONGSHANG UNIVERSITY PRESS
·杭州·

图书在版编目(CIP)数据

金华安地智慧灌区的研究与实践 / 郑雷著. — 杭州：
浙江工商大学出版社，2022.9
ISBN 978-7-5178-5001-4

Ⅰ.①金… Ⅱ.①郑… Ⅲ.①灌区－现代化建设－研
究－金华 Ⅳ.①S274

中国版本图书馆 CIP 数据核字(2022)第 103358 号

金华安地智慧灌区的研究与实践

JINHUA ANDI ZHIHUI GUANQU DE YANJIU YU SHIJIAN

策划编辑	任晓燕
责任编辑	金芳萍
封面设计	朱嘉怡
责任校对	李远东
责任印制	包建辉
出版发行	浙江工商大学出版社
	（杭州市教工路 198 号　邮政编码 310012）
	（E-mail:zjgsupress@163.com）
	（网址:http://www.zjgsupress.com）
	电话:0571-88904980,88831806(传真)
排　　版	杭州朝曦图文设计有限公司
印　　刷	广东虎彩云印刷有限公司绍兴分公司
开　　本	880 mm×1230 mm　1/32
印　　张	6.75
字　　数	164 千
版 印 次	2022 年 9 月第 1 版　2022 年 9 月第 1 次印刷
书　　号	ISBN 978-7-5178-5001-4
定　　价	36.00 元

《金华安地智慧灌区的研究与实践》编委会

前　言

本书依托浙江省水利厅科技课题"金华市安地水库灌区'智慧灌区'"(RC1959)、金华市安地水库灌区标准化运行管理平台项目(ZJJJ2017-JH026-ZFCG021)、金华市安地灌区续建配套与节水改造项目(2021—2022年)(ZZJC2021-CGO)等智慧灌区公益性项目编写而成。本书适合从事灌区管理的行业专家以及从事灌区技术研究的大学生、研究生、博士生、学者阅读,也可以作为灌区研究资料或工具用书。

本书的内容主要包含了安地水库灌区的发展历史、信息化历程、标准化建设、信息化升级改造和数字化灌区等方面。标准化建设、信息化升级改造和数字化灌区作为核心部分重点论述,该部分也是金华市安地水库灌区的现代化建设核心内容。从标准化建设到信息化升级改造,再到数字化灌区,是智慧灌区发展的必由之路。灌区标准化建设包括组织结构梳理、操作手册编制、制度体系建设、基础信息化建设等。灌区信息化升级改造依托灌区续建配套与节水改造项目而进行,包括自动化改造、监控中心与物联网体系升级等。数字化灌区建设依据浙江省数字化改革的要求而进行,核心技术包括种植物遥感识别模型、深度学习实时灌溉预报模型、智能化灌溉决策模型、渠系多目标动态配水模型、灌区工程安全监测模型等研究与应用。

在本书编写过程中,得到浙江省水利厅、金华市水利局、浙江禹贡信息科技有限公司等技术支撑单位的大力支持与指导,在此表示衷心感谢。在开展研究工作和编写的过程中,得到了许多领导和同行专家的关心支持，并参阅了部分专家、学者的研究成果和有关单位的资料，在此表示由衷的感谢。本书作者为金华市梅溪流域管理中心高级工程师郑雷，其主要承担了第 2 章、第 3 章和第 4 章等的撰写工作。金华市梅溪流域管理中心黄可谈编写了第 1 章和第 5 章。其他技术支撑单位都派遣人员参加了本书的文字排版、图形处理、相关参考资料提供和书稿审核等工作，最终由张仁贡教授主审完成。由于作者学术水平有限，因此，书中有不妥和错误之处在所难免，在此，诚恳地希望和感谢各位专家和读者不吝赐教和帮助，使之不断修正，逐步完善。

目　　录

第 1 章

概　述

1.1 灌区的概念

灌区是指有可靠水源和引、输、配水渠道系统及相应排水沟渠的灌溉区域,是人类经济活动的产物,随社会经济的发展而发展。

灌区是一个依靠自然环境提供的水、光、热、土壤资源,加上人为选择的作物和安排的作物种植比例等人工调控手段组成的具有很强社会性质的半人工的开放式生态系统。

自楚相孙叔敖主持兴建我国第一个蓄水灌溉工程芍陂以来,在漫长的农业社会发展历程中,灌区以其良好的农业生产条件,在安邦定国方面发挥了重要作用。目前全国有 456 个大型灌区,7316 个中型灌区,200 多万个小型灌区。在全面建设社会主义现代化国家的新征程中,灌区以其突出的灌排优势和服务功能,在保障国家粮食安全方面发挥着积极作用。

1.2 安地灌区的发展历史

安地水库灌区位于浙江省中部,是金华市主要产粮区、浙江省粮食生产功能区和国家农业综合开发项目区,兴建于 20 世纪 50 年代末。灌区自建成以来,对当地农业经济发展起到了重要作用。

根据我国水利行业的标准规定,设计灌溉面积 50 万亩以上的灌区为大型灌区,设计灌溉面积在 5 万—50 万亩之间的灌区为中型灌区,设计灌溉面积在 5 万亩以下的为小型灌区。安地灌区是以安地水库为主要水源的中型灌区,灌区总面积 28.5 万亩,设计灌溉面积 12.85 万亩,有效灌溉面积 10.6 万亩,受益范围包括金华市婺城区、金东区,涉及 6 个乡镇、1 个街道、248 个行政村的 14.6 万人口。安地灌区现有 4 条干渠,其中主干渠 3.35km,东干渠 21.48km,中干渠 7.28km,西干渠 6.72km，干渠总长 38.83km；有支渠 5 条，支渠总长 20.21km。主要配套建筑物有隧洞、渡槽、倒虹吸、水闸、灌溉涵管、机耕便桥等 300 多处，蓄提结合，灌排配套，灌区工程网络较完整。

1.3　安地灌区的信息化历程与存在的问题

1.3.1　信息化历程

根据《浙江省金华市安地水库灌区续建配套与更新改造规划》(2001 年 9 月)，金华市安地水库灌区自 2002 年启动节水配套改造，分别实施了金华市汪家垅节水增效灌溉示范项目、国家农业综合开发水利骨干工程安地水库灌区项目、浙江省"千万亩十亿方节水工程"安地水库灌区一期和二期项目、省安地水库灌区农业综合开发节水配套项目等，主要包括水位监测站 29 处、雨量监测点 5 处、视频监控点 43 处(含室内 8 处)、闸门自动化控制系统 8 处、提水泵站水质监测 1 处，已大面积铺开覆盖灌区监测测量硬件设备，全方位采集灌区实时情况。已建设完成安地灌区标准化运行管理平台，集成硬件采集数据并全面实现信息化管理。

金华安地水库灌区通过"金华市安地水库灌区标准化建设项目""金华安地水库灌区节水配套工程信息化建设""金华安地水库灌区节水配套工程智慧灌区"等信息化项目的建设，一个以信息采集传输、运行监控为基础，以综合数据库为纽带，以灌区水资源管理为核心的灌区信息化总体框架已经初步形成。安地灌区目前拥有一部分与浙江省水利厅共享交换的数据，如工程数据、天气数据等；还拥有自建系统的系统数据，如管理数据、墒情数据、视频数据、维养数据、监测数据等；同时拥有通过已建设施采集的一些有关水雨情、流量、工况、视频等数据。另外，已完成信息化值班室建设,包含信息化专用电脑、信息化展示大屏及相关网络设备,实现信息化软件应用、信息化设备专用,保障灌区标准化、信息化安全稳定运行。

目前,金华安地灌区正在开展现代化智慧灌区建设。

1.3.2　存在的问题

安地灌区隶属于金华市梅溪流域管理中心。该中心于2020年5月8日挂牌成立,是金华市按照"系统治理"的治水新思路,结合事业单位改革,将原安地水库管理处、安地渠道管理所、市区河道堤防养护所3家单位整合而成,破解了原先"供水、灌溉、生态"各自为政的矛盾,实现了从源头到龙头保障供水安全、从上游到下游保障洪旱无忧、从水库到田块保障高效用水。在实际工作中,安地灌区还存在以下问题。

(1)机构改革职能转变,业务管理流程亟须梳理

机构改革职能已经完成转变,但业务管理流程亟须梳理。机构改革带来的不只是编制整合,还有一系列灌区事务的流程转变,势必要求对原有的业务管理流程重新进行梳理优化,并根据新的流程体系重新设计适应当前形势的业务应用模块。

(2)先天缺水现象明显,水资源配置亟须优化

浙江省水利资源相对丰富,但存在人均占有量少、空间分布不均匀、时段分布不均匀等"先天"缺陷。浙江省依然是一个缺水的省份。金华市水资源时空分布不均,季节性缺水严重,制约着灌区经济的整体发展。目前主要依靠人工经验进行水资源调度,但水资源调度管理缺乏科学、高效的决策支持手段。亟须利用信息化手段,在坚持"水权集中、统一调度、分级管理"的原则下,充分结合灌区现有的水资源调度业务流程,构建水资源优化配置体系,根据梅溪流域范围内水资源动态情况,优化确定灌区水资源在不同时空的配水方案,统筹协调解决灌区生产和生态

用水之间、上下游不同灌片之间的用水矛盾,实现灌区水资源优化配置、优化调度、优化利用的管理目标。

(3)防汛抗旱要求提升,动态预警体系亟须完善

为保障从上游到下游洪旱无忧,切实履行灌区灌溉、防洪、抗旱等公益性任务,依靠原有的人工经验判断体系已无法满足管理决策的需求,亟须建立完善的动态预警体系,涵盖全空域的感知覆盖、全时序的动态预测、多种类的模型分析、多维度的实时展示。

(4)惠民便民服务不多,应用融合服务亟须落实

水是生命之源,水利与民生息息相关,水利工程具有保障生命安全、促进经济发展、改善人民生活、保护生态环境等多种功能和多重效益。

抗旱灌溉、服务"三农"是灌区的初心和使命。推行灌区惠民服务体系建设,以灌区群众利益为重,保障群众用水的知情权和监督权,是基层管理单位应尽的义务。这就要求加快推进数字化应用与灌区业务的深度融合,保障民生,服务民生,真正做到"水到渠成润民心"。

1.4　安地灌区发展的对策与机制

(1)国家战略,高位推动

2021 年 3 月 22 日,水利部党组书记、部长李国英在《人民日报》发表题为《深入贯彻新发展理念推进水资源集约安全利用》的署名文章,强调:"坚持科技引领和数字赋能,提高水资源智慧管理水平。充分运用数字映射、数字孪生、仿真模拟等信息技术,建立覆盖全域的水资源管理与调配系统,推进水资源管理数字化、智能化、精细化。加强监测体系建设,优化行政区界断面、取退水口、地下水等监测站网布局,实现对水量、水位、流量、水质等全要素的实时在线监测,提升信息捕捉和感知能力。动

态掌握并及时更新流域区域水资源总量、实际用水量等信息,通过智慧化模拟进行水资源管理与调配预演,并对用水限额、生态流量等红线指标进行预报、预警,提前规避风险、制定预案,为推进水资源集约安全利用提供智慧化决策支持。"

(2)数字浙江,改革争先

2021年2月18日,浙江省委召开全省数字化改革大会,全面部署浙江省数字化改革工作。省委书记袁家军在会上强调,要认真贯彻落实习近平总书记关于全面深化改革和数字中国建设的重大部署,围绕忠实践行"八八战略"、奋力打造"重要窗口"主题主线,加快建设数字浙江,推进全省改革发展各项工作在新起点上实现新突破,为争创社会主义现代化先行省开好局、起好步。

袁家军指出,数字化改革是围绕建设数字浙江目标,统筹运用数字化技术、数字化思维、数字化认知,把数字化、一体化、现代化贯穿到党的领导和经济、政治、文化、社会、生态文明建设全过程的各方面,对省域治理的体制机制、组织架构、方式流程、手段工具进行全方位、系统性重塑的过程。

全省数字化改革大会为全面推进数字化改革指明了方向,水利部门要聚焦"党建统领、业务为本、数字赋能"三位一体统筹发展,以数字化改革为牵引,推进浙江省水利改革发展不断取得新突破。

(3)紧抓机遇,流域改革

为积极响应以上政策要求,安地灌区作为浙江省实施中型灌区续建配套与节水改造项目的灌区之一和工程基础、管理基础较好的灌区,经过两期农业综合开发项目和一期智慧灌区项目建设,工程体系基本完善,管理水平大幅提高。

在金华市水利局组织召开的安地灌区续建配套与节水改造总体方案讨论会上,金时刚局长指出,要充分认识现代化灌区建设的必要性,立足安地灌区现有优势,树立智慧幸福灌区理念。为此,从以下 5 个方面打造特色,使灌区群众具有获得感、幸福感:一是从水资源配置着手,做到开源节流,优化水资源配置;二是从体制机制着手,从源头到龙头做到一体化管理,建立供水补偿机制;三是从生态景观着手,在满足工程安全的情况下进行生态化改造,建设一批便民休闲设施,做到渠道也是风景线;四是从文化元素着手,建筑物等标志性工程也是艺术性工程;五是从智慧节水着手,实现从自动控制到智慧决策。

金华市梅溪流域管理中心认真贯彻落实灌区现代化改造的各项要求,深入学习总结各级领导讲话精神和重要指示批示,抓住灌区续建配套与节水改造的大好时机,确保安地灌区在信息化建设上达到现代化高级水平,争创全国先进样板工程,为加快深化"灌区数字化转型"工作先行先试做好示范。

(4)数字化改革,揭榜挂帅

浙江省水利厅为加快建立自上而下的顶层设计与自下而上的创新应用相结合的改革推进机制,搭建赛马争先平台,统筹省、市、县水利行政主管部门一体化推进典型应用场景开发迭代,推动以点突破牵引面上跃升、以点状推进牵引体系升级,推行水利数字化改革试点项目"揭榜挂帅"机制。浙江省水利厅以数字化试点任务为切入点,充分发挥试点辐射和示范带动作用,以数字化促进水利行业管理理念、思维的转变以及体制机制的创新。安地灌区顺利通过方案筛选与评审,揭榜浙江省水利厅数字化改革第一批试点项目——灌区用水管控和智能调度。这个数字化改革的应用场景类项目已被列入安地灌区续建配套与节水改造项目(2021—2022 年)信息化系统。

根据数字化改革应用场景灌区用水管控和智能调度的要求,该场景需基于灌区前置库及灌区综合地图,初步实现灌区数字孪生;基于实时感知监测信息,实现超阈值预警及工程安全监测分析预警;基于灌区的实时灌溉预报模型,实现灌区的用水决策管理;基于灌区渠系多目标配水模型,实现灌区的智能决策管理、用水自动测量和超定额用水自动预警。

第 2 章

金华安地灌区的标准化建设

2.1　灌区标准化概述

标准是一个准则,标准化是一个过程。标准,即为了在一定范围内获得最佳秩序,经协商一致制定并由公认机构批准,共同使用和重复使用的一种规范性文件。标准化,即在经济、技术、科学及管理等社会实践中,对重复性事物和概念通过制定、发布和实施标准达到统一,以获得最佳秩序和社会效益。

大中型灌区标准化是为了提高灌区水利工程的管理水平,确保灌区水利工程运行安全并长久充分地发挥效益,从灌区工程管理责任具体化、防汛和安全运行管理目标化、管理单位(岗位)人员定岗(编)化、运行管理经费预算化、管理设施设备完整化、日常监测检查规范化、维修养护常态化、运行管理人员岗位培训制度化、管理范围界定化、生态环境绿化美化、管理信息化等方面规范灌区管理工作。通过制定、执行大中型灌区标准化管理相关规程、办法和程序,达到大中型灌区工程完备、用水科学、运行安全、服务良好的要求,充分发挥灌区功能。

2.2　安地灌区标准化的建设内容

2.2.1　物联网感知系统

(1)建设方案

为完善灌区动态需水模型建设和水资源优化调度,结合灌区周边水利工程,在渠道重要节点和灌区周边的小型水库和山塘建设水位监测站。

(2)站点布置

新增33处水位监测站,共同为安地灌区续建配套与节水改造项目信息化系统建设提供一手翔实数据。

2.2.2　流量监测站

本项目在主干渠和西干渠渠首共安装 2 处 AiFlow 视频测流系统,用于了解干渠引配水情况,同时对放水流量较大的 82 个涵管(≥DN300 mm 的涵管)进行自动流量监测,用于了解灌区整体配水情况。

2.2.3　视频监视系统

在灌区重要断面、调度中心、生态节点以及重要村落附近等位置按实际需求补充 23 处视频监控点,同时获取梅溪流域全部监控点,接入调度指挥中心进行统一调度与管理。视频监控系统可为安地灌区水系调度工程的运行控制提供视频信息依据。

2.2.4　高空鹰眼监控

依托梅溪流域安地灌区沿线铁塔的高空优势,在铁塔上架设高空鹰眼视频设备,对流域重点区域采取高空瞭望监控,进行流域网格化管理,对突发事件快速做出响应和处置,对不稳定事件进行有效防范,降低和控制意外事故发生的风险。高空鹰眼为河湖管理、应急指挥调度、险情预警提供有力保障,为发展提供强有力的支持。本次项目根据梅溪流域现有的铁塔资源,共建设 2 个高空鹰眼。

(1)高空鹰眼的系统结构

AR 鹰眼采用 C/S 架构部署,配合 Web 客户端完成部分预配置功能。以 AR 技术为基础,通过将视频监控资源叠加在地图上,实现地理信息与实时画面同步,能够即时呈现指定区域的监控视频。同时,在发生预警事件时可即时呈现预警信息定位及现场视频,有利于快速响应紧急事件。如图 2-1 所示为 AR

鹰眼系统拓扑图。

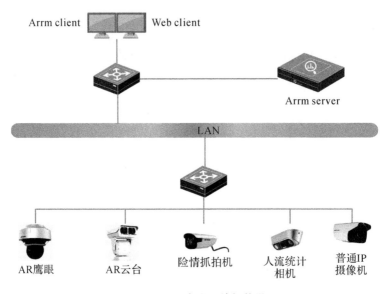

图 2-1　AR 鹰眼系统拓扑图

（2）高空鹰眼的系统功能

①高空鹰眼视频接入开发：开发高空全景视频管理模块，对数据进行接入。

②监测预警接口对接：对接视频设备自带的分析算法和目标跟踪算法结果。对产生的预警信息与协同中心对接推送。

③视频浏览页面：开发流域视频自动轮播、手工切换、焦距调整、视角转动、查看历史视频等功能。

④设备配置管理：对高空鹰眼设备进行维护管理。可对设备进行新增、修改、重启等操作，可展示设备异常信息并进行消息推送。

2.2.5　水质感知系统

依据国家《地表水环境质量标准》（GB3838-2002）的要求，

选取 pH(酸碱度)、温度、溶氧、电导率、浊度作为监测指标,建立灌区水质感知系统。根据安地灌区的实际情况,选择在主干渠进水口建立水质监测站点。

2.2.6　土壤墒情监测系统

梅溪流经金华箬阳、安地、雅畈、苏孟 4 个乡镇。安地灌区作为农作物灌溉主要渠道,根据《全国土壤墒情监测工作方案》要求,选择有代表性的农田,共设立 8 个农田土壤墒情监测点。同时,整合梅溪流域所有已建土壤墒情监测点,配合模型应用,分析灌区及流域农田、种植物的需水、用水、配水等问题。

2.2.7　工程安全监测分析系统

(1)渡槽安全监测

①建设方案

根据《水利水电工程安全监测设计规范》(SL725-2016)、《水工设计手册》(第 2 版)的有关规定及渡槽现状,对灌区改建渡槽的水平位移、垂直位移、挠度及倾斜、接缝开合度、结构应力应变等指标进行在线观测,实时反映渡槽的各类安全状态。

每个渡槽选择 3—5 个代表监测渡槽段,布设如下自动化观测设施:在监测渡槽段两端排架基础上布置水平位移测点与垂直位移测点,并在附近山体处设置工作基点和水准基点,以监测排架基础(渡槽墩)的表面变形情况和排架倾斜变形情况;在监测渡槽段两端的渡槽体接缝处设置双向测缝计,以监测跨与跨之间接缝的开合以及错动变形情况。

②站点布置

在国湖 1♯渡槽、国湖 2♯渡槽共计布置 2 套工程安全监测系统,监测数据通过 GPRS 无线传输装置传至安全监测云平台,方便实现渡槽安全监测管理信息远程管理。具体安全监测点位如表 2-1 所示。

表 2-1 渡槽安全监测站点布置表

序号	渡槽名称	所在渠道	桩号	长度/m	设计流量（m³/s）
1	国湖 1♯渡槽	东干渠	K12＋422—K12＋517	95	5.9
2	国湖 2♯渡槽	东干渠	K12＋725—K12＋775	50	5.9

（2）入侵报警系统

基于安地灌区安全防范考虑，建设 10 处具有主动侦测入侵预警功能的警戒摄像头，实现对周界区域的入侵探测和防护功能。入侵报警系统主要由 200 万全彩警戒网络高清智能球机、广播音柱组成。

2.2.8 灌区闸门远程监控系统

（1）闸门远程监控系统

①建设方案

本项目将 17 处闸门控制由手动螺杆式改造升级为电动螺杆式，进行工况状态监测并实现远程自动化控制，结合安地灌区已建闸控系统，统一集成到安地灌区业务管理平台项目的自动化远程控制系统软件中，由调度人员进行统一运行管理。

②站点布置

将 17 处重点闸门实现远程控制。闸位具体布置如表 2-2。

表 2-2　闸门自动化点位布置表

单位:个

序号	名称	所在渠道	闸门孔数	开度仪/荷重仪	LCU 柜	水位传感器
1	下付节制闸	主干渠	2	2	1	1
2	雅干溪引水闸	主干渠	4	4	1	2
3	九里垅排水闸	东干渠	1	1	1	2
4	塔石塘排水闸	东干渠	1	1	1	1
5	塔石塘节制闸	东干渠	1	1	1	2
6	八仙溪排水闸	东干渠	2	2	1	2
7	八仙溪节制闸	东干渠	2	2	1	2
8	中干渠 1# 闸	中干渠	1	1	1	2
9	汤店分水闸	西干渠	1	1	1	2
10	农场排洪闸	西干渠	1	1	1	2
11	澧浦节制闸	澧浦支渠	2	2	1	2
12	金长垅排水闸	金长垅支渠	2	2	1	2
13	里加堰节制闸	汪家垅支渠	1	1	1	2
14	里加堰 1 号排水闸	汪家垅支渠	1	1	1	2
15	里加堰 2 号排水闸	汪家垅支渠	2	2	1	2
16	堪善塘排水闸	汪家垅支渠	2	2	1	2
17	西干渠分水闸	西干渠	2	2	1	2
	总计		28	28	17	28

(2)智慧联合调度系统

为了实现安地灌区东干渠灌溉水资源联合调度,以及节约水资源、精准灌溉的目的,在国湖泵站、塔石塘节制闸、八仙溪节制闸 3 座工程建设智慧联合调度系统。

(3)一体化闸门远程监控系统

在安地灌区东干渠的铜山支渠进水闸和金长垅进水闸分别建设一个一体化闸门。闸门建设完成后,将基本实现对两座闸站的远程控制。

2.2.9 调度指挥中心

调度指挥中心为安地灌区信息化系统的主要工作场所,在监控室布置一套大屏显示系统,用于显示各路监控、监测系统的图像,以及智慧灌区平台等的各类数据报表。在现有办公室设置集成操作工作台一套,并配备图形工作站、监控工作站及管理工作站,完成梅溪流域总调度监控室搭建,通过集成的显示系统及中控系统,集中展现各项监控、监测数据信息及图像信息,全面展示安地灌区运行工况。

2.2.10 惠民环境服务

(1)数字大屏展示

在铁堰和武义江排水闸合适位置布置2块室外LED显示屏,主要用于景观展示,实现景点介绍、文化宣传、游客提醒等功能。

(2)广播预警系统

①建设方案

从防汛防洪的安全角度出发,结合视频监控系统,布置广播预警系统,对重要渠道周围村落的群众进行洪水预警,保障群众生命财产安全,同时对破坏灌区设备设施的行为发出警告。从休闲娱乐的角度出发,利用广播预警系统进行轻音乐等背景音乐定时、自动、循环播放,为灌区水文化节点及村落营造休闲舒适的环境氛围。

②站点布置

广播预警站点布置在摄像头附近,利用视频网络进行数据传输及交互,供电采用视频系统的电源,村落每处视频站点布置 1 台网络音柱,共计布置网络音柱 16 台。

2.2.11　灌区数字工地

(1)工地视频监控

安地灌区内将拆除两座渡槽,并即将开展灌区现代化工程建设。本期项目将建设一套工地视频监控系统,通过视频监控对重要的工点进行实时监视,实现施工现场全方位、全天候、全过程安全监管。

(2)施工人员安全状态监测

在渡槽拆建施工现场,在施工人员安全帽上加装具备脱带帽监测、撞击监测、异常静止监测、SOS 呼救、GPS 定位、高度信息、考勤功能的智能穿戴设备,在规范安全帽佩戴的基础上,获取人员地理位置、作业高度等信息。

2.2.12　无人机巡检系统

在安地灌区建设一套无人机巡检系统。无人机巡检系统主要由无人机、机场配套系统、机场后台及管控平台组成,采用"云—边—端"的应用架构体系。

2.2.13　通信网络

(1)无线网络

安地灌区的水情感知系统、水质感知系统、土壤墒情监测系统、一体化闸门控制系统、安全监测系统等,均采用无线网络。

(2)有线网络

安地灌区的视频图像监控(其中广播音柱与视频共用网

络)、调度指挥、入侵预警、数字大屏、闸门远程监控,均采用有线网络。

2.2.14 灌区能力中心

(1)灌区前置库

按照《浙江省水利工程数据管理办法(试行)》相关技术标准要求,以及《浙江省水利工程物业管理指导意见》和浙江省水利数字化改革试点建设要点中关于灌区数据库建设的要求,结合安地灌区现有的数据成果,按照"一数一源"的原则,搭建安地灌区前置库,同时考虑打通省厅和金华市级水利数据仓,实现省、市数据仓之间的数据共享交换,提升安地灌区水利数据资源质量和共建共享水平,为推进水利数字化改革提供坚实基础。

(2)灌区三维模型

在灌区三维地图的基础上,提供灌区内工程信息的查询,并展示工程的动态及静态信息。灌区三维模型的构建包含倾斜摄影三维建模、卢家闸BIM(Building Information Modeling)模型建模、三维模型发布的预处理、三维模型发布等工作。

(3)灌区模型库

结合安地灌区实际情况,提出创建安地灌区智慧灌溉决策模型库。安地灌区智慧灌溉决策模型库应能根据灌区农业产业数据和基础布局数据,融合工况、水情、墒情、气候等数据,实现灌区的灌溉需水量实时预报,开展灌溉方案的智能化决策,提出灌区多级渠系的优化配水方案。该模型库主要包括种植物遥感识别模型、深度学习的多源感知实时灌溉预报模型、基于强化学习的智能灌溉决策模型、渠系多目标动态配水模型、灌区工程安全评估模型。

2.2.15 安地智慧灌区云应用(灌区现代化管理和服务平台)

(1)场景分析数字大屏

场景分析数字大屏包含顶层总览数字大屏、动态预警数字大屏、防汛态势数字大屏、联合调度数字大屏、工程安全数字大屏、运行管理数字大屏等内容。

(2)业务应用

业务应用包含灌区综合地图、用水计量、灌区遥感监测、用水决策管理等内容。

(3)移动看板

基于浙政钉、浙里办应用平台,开发满足灌区管理人员、灌区百姓需求的移动应用,主要包含移动一张图、汛情警戒推送、视频监控查看、灌区计划看板、公众反馈看板、浙江省公共服务看板等内容。

(4)与其他平台的集成对接

本集成对接系统需要实现与省、市水管理平台,金华数字河湖管理平台,省厅协同管理模块及其他部门的业务协同事项的集成和对接。

2.2.16 灌溉试验站数字化控制系统

安地灌区将建设一处灌溉试验站,在本项目中计划配置灌溉试验站数字化控制系统。该系统包含信息汇聚应用场景、预警分析应用场景、作物生长应用场景及灌溉设备远程控制系统。

2.2.17 数字化改革试点项目

该项工作内容需要对浙江省数字化改革"三张清单"进行细化,并结合省数字化改革要求,构建灌区业务"V"字模型。

2.3 安地灌区标准化的制度建设

为全面提升灌区管理水平,保障灌区工程安全运行并持续发挥效益,服务乡村振兴战略和经济社会发展,根据水利部《加快推进新时代水利现代化的指导意见》《水利工程管理考核办法》等要求,结合灌区工程建设与管理实际,进行灌区标准化的制度建设。

以标准化为目标,以规范化为手段,把精细化、标准化、规范化理念贯彻到灌区运行管理的整个过程,以"标准化的规划,标准化的分析,标准化的控制,标准化的操作,标准化的核算"实现灌区管理从经验型到科学型、从定性到定量、从静态到动态、从粗放型到标准化的转变。实现灌区发展思路明晰化、组织体系科学化、绩效考核全面化,使职工执行力、服务质量大幅提高。

2.3.1 总体要求

以习近平新时代中国特色社会主义思想为指导,贯彻落实"节水优先、空间均衡、系统治理、两手发力"治水方针,按照"水利工程补短板、水利行业强监管"的水利改革发展总基调,构建科学高效的灌区标准化、规范化管理体系,加快推进灌区建设管理现代化进程,不断提升灌区管理能力和服务水平,努力建成"节水高效、设施完善、管理科学、生态良好"的现代化灌区。灌区标准化、规范化管理应坚持"政府主导、部门协作,落实责任、强化监管,全面规划、稳步推进,统一标准、分级实施"的原则,有序推进。

2.3.2 管理要求

(1)组织管理

一要不断深化安地灌区管理体制改革。根据灌区职能及批复的灌区管理体制改革方案,落实管理机构和人员编制,合理设置岗位和配置人员。全额落实核定的公益性人员基本支出和工程维修养护财政补助经费。结合安地灌区实际,确保灌区管理体制改革到位,推行事企分开、管养分离等,建立职能清晰、权责明确的灌区管理体制。

二要建立健全灌区管理制度,落实岗位责任主体和管理人员工作职责,做到责任落实到位,制度执行有力。

三要加强人才队伍建设。优化灌区人员结构,创新人才激励机制,制订职业技能培训计划并积极组织实施,确保灌区管理人员素质满足岗位管理需求。

四要重视党建工作、党风廉政建设、精神文明创建和水文化建设。加强相关法律法规、工程保护和安全的宣传教育。

(2)安全管理

一要建立健全安全生产管理体系,落实安全生产责任制,建立健全工程安全巡检、隐患排查和登记建档制度。建立事故报告和应急响应机制。在工程安全隐患消除前,应落实相应的安全保障措施。

二要制定防汛抗旱、重要险工险段事故应急预案,应急器材储备和人员配备满足应急抢险等需求,按要求开展事故应急救援、防汛抢险、抗旱救灾培训和演练。

三要定期对检测设施进行检查、检修和校验或率定,确保工程安全设施和装置齐备、完好。劳动保护用品配备应满足安全生产要求。特种设备、计量装置要按国家有关规定管理和检定。

四要在重要工程设施、重要保护地段,设置禁止事项告示牌和安全警示标志等,依法依规对工程进行管理和巡查。

(3)工程管理

一要建立健全工程日常管理、工程巡查及维修养护制度,落实工程管理与维修养护责任主体。

二要建立健全工程维修养护机制,确保工程设施与设备状态完好,工程效益持续发挥。

三要明确灌区工程的管理和保护范围,设置界碑、界桩、保护标志。基层运行管理用房及配套设施完善,各类工程管理标志、标牌齐全、醒目。管理运行配套道路畅通安全。

四要建立健全灌区档案管理规章制度。按照水利部《水利工程建设项目档案管理规定》建立完整的技术档案,逐步实现档案管理数字化。

五要积极推进灌区管理信息化。依据灌区管理需求,开展信息化基础设施、业务应用系统和信息化保障环境建设,不断提升灌区管理信息化水平。

(4)供用水管理

一要统筹兼顾灌区范围内生活、生产和生态用水需求,科学合理调配供水。

二要强化灌区取水许可管理,推行总量控制与定额管理,制定灌区用水管理制度。编制年度供(取)水计划,报水行政主管部门审批。灌区水量调配涉及防汛、抗旱等内容,应按规定报备或报批。

三要根据需要设置用水计量设施与设备,制定用水计量系统管护制度与标准,积极推进在线监测,为灌区配水计划实施、用水统计、水费计收以及灌溉用水效率测算分析等提供基础支撑。

四要结合灌区生产实际,积极开展灌溉试验和相关科学研究,推进科研成果转化。

五要积极推广应用节水技术和工艺,推进农业水价综合改革,建立健全节水激励机制,提高灌区用水效率和效益。

(5)经济管理

一要建立健全灌区财务管理和资产管理等制度。灌区工作人员基本支出和工程运行维修养护等经费使用及管理符合相关规定,杜绝违规违纪行为。

二要使职工工资、福利待遇达到当地平均水平,按规定落实职工养老、失业、医疗等各种社会保险。

三要科学核定供水成本,配合主管部门做好水价调整工作,完善灌区水费计收使用办法。

四要在确保防洪、供水和生态安全的前提下,合理利用灌区管理范围内的水土资源,充分发挥灌区综合效益,保障国有资产保值增值。

2.4　安地灌区标准化的操作流程梳理

对安地灌区的各类管理流程进行梳理,便于运行人员在开展业务管理时对照执行。

为管理、生产业务提供工作平台,实现数字化、智能化,取代传统的手工操作方式,实现管理和生产业务的科学化、有序化、流畅化。健全管理工作流程系统,在信息集成平台上,融入适合水利工程的先进管理思想与管理理念,推进工程管理流程的标准化、科学化、规范化;规范业务流程,减少业务随意性带来的弊病。通过业务流程的重组,使业务流程更趋合理。

2.5　安地灌区标准化的评价标准

通过建设"金华市安地水库灌区标准化运行管理平台",利用信息化手段对金华市安地渠道管理所所属工程进行标准化管理,在管理责任、安全评估、运行管理、维修养护、监督检查、隐患治理、应急管理、教育培训、制度建设、考核验收等各环节提供全面支撑。

第 3 章

金华安地灌区的信息化升级改造

3.1 灌区泵闸站自动化改造技术

闸门远程监控系统子系统是感知控制体系的核心应用系统，是建立在数据采集、通信传输、工作实体环境和数据存储管理体系上，以工程管理平台为基础，紧密结合视频监控、水情监测等应用子系统，并在事项流程决策支持下，完成工程调度的业务处理功能。

闸门远程监控系统高度可靠，其平均故障间隔时间（MTBF）、平均维修时间（MTTR）及各项可用性指标均达到《水电厂计算机监控系统基本技术条件》的规定。

在保证整个系统可靠性、实用性和实时性的前提下，体现先进性，系统配置和设备选型符合计算机发展迅速的特点，充分利用计算机领域的先进技术，使系统达到目前国内先进水平。

3.1.1 系统架构

按照系统设计原则和控制体系划分，闸门远程监控系统采用三级结构进行建设，包括现地控制层、通信网络及远程控制层。系统建成后，基本实现现地无人值守管理模式，数据实时反馈到调度中心，提高水闸管理和调度效率。系统结构如图 3-1 所示。

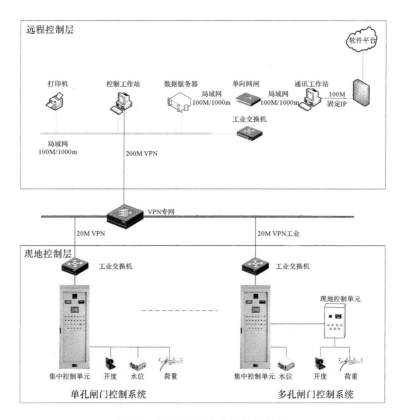

图 3-1　闸门远程监控系统拓扑图

（1）现地控制层

现地控制层的现地控制单元,应能对所管辖的生产过程进行完善的监控。它们经过输入、输出接口与监控过程相连;通过通信接口与继电保护设备交换信息,在上位机画面上实时反映所测的电气参数、闸门的运行状态及继电保护动作情况;通过通信接口与水位计连接,在上位机画面上实时反映水闸上下游水位信息;通过通信接口接到工业以太网上,与远程控制层交换信息。现地控制单元与远程控制层有相对独立性,它们应能脱离远程控制层,独立完成监控过程的实时数据采集及处理,实现单元设备状态监视、调整和控制等功能。

(2)远程控制层

远程控制层是远程实时监控中心,负责采集和处理来自现地控制层的数据(制作各种运行报表、重要设备的运行档案、各种运行参数等),进行人机对话(全站设备的运行监视、事故和故障报警、对运行设备的人工干预及监控系统各种参数的修改和设置等),与现地控制层和综合信息管理平台保持通信。

远程控制层设备有控制工作站、打印机、数据服务器等。远程控制层控制工作站设置在管理中心运行人员的操作控制台上,同管理中心其他子系统协同工作,完成闸站监控的调度任务。

3.1.2　系统功能

闸门的自动控制主要分为现场控制和远程控制两种功能。现场控制是操作者在启闭房对设备进行操作;远程控制主要是操作员远离启闭设备,通过远程手段对闸门启闭设备进行操作。现场控制优先级高于远程控制,并能进行两种控制方式的切换。

闸门远程监控系统的主要功能如下:

(1)数据采集与处理

①模量的采集与处理

对闸站上下游水位、电量和非电量进行周期采集、越限报警等,经格式化处理后形成实时数据,并存入实时数据库。主要的模量为泵组电量参数、水闸闸位、上下游水位、荷重等。

②开关量的采集与处理

对事故信号、断路器分合及重要继电保护的动作信号等开关量信号,闸门远程监控系统以中断方式迅速响应这些信号并做出一系列必要的反应及自动操作。

对各类故障信号、隔离开关的位置信号、设备运行状态信号、手动自动方式选择的位置信号等以定期扫查方式接收，经格式化处理后存入实时数据库。

③开关量输出

特指各类操作指令。计算机在输出这些信号前须进行校验，经判断无误后方可送至执行机构。为保证信号的电气独立性及准确性，开关输出信号经光电隔离，接点防抖动处理后发出。

④信号量值及状态设定

由于设备原因造成的信号出错以及在必要时要进行人工设定值分析处理的信号量，闸门远程监控系统允许运行值班人员和系统操作人员对其进行人工设定，并在处理时把它们与正常采集的信号等同对待。闸门远程监控系统可以区分它们并给出相应标志。

(2)运行监视和事件报警

①运行实时监视

闸门远程监控系统可以使运行人员通过显示器对闸站主要设备的运行状态进行实时监视，包括当前各设备的运行及停运情况，并对各种运行参数进行实时显示。

②参数越限报警记录

闸门远程监控系统将对某些参数以及计算数据进行监视。对这些参数量值可预先设定限制范围，当其超出设定范围时，启动相关量分析功能，进行故障原因提示。

③故障状态显示记录

闸门远程监控系统将定时扫查各故障状态信号，一旦发生状变，将在显示器上即时显示，同时记录故障及其发生时间，并用语音报警。闸门远程监控系统对故障状态信号的查询周期不超过 2s。

（3）控制与调节

运行人员在控制室计算机上调出所需操作站点的相关操作界面后，通过操作键盘或鼠标，就可以对需要控制的电气设备发出各种控制操作命令，实现对设备运行状态的变位控制。计算机系统自动提供必要的操作步骤和足够的监督功能，以确保操作的合法性、合理性、安全性和正确性。纳入控制的设备状态包括水闸闸门的升、降，以及各辅助设备电机的启动、停止。

（4）记录功能

闸门远程监控系统和管理系统能对采集的实时数据与监测的事件进行在线计算，便于管理人员查询各站点的实时运行状况及操作记录；能实时打印用户进入和退出的信息，事故发生时能打印主要设备的各类操作、事故和故障记录及有关参数和表格，包括有关历史参数和表格等。

（5）人机接口

人机接口包括彩色液晶显示器（LCD）、键盘、鼠标和汉字打印机，具有在线诊断监控系统和投退设备功能，能在显示系统上显示实时图形，使运行人员对生产过程进行安全监视。通过总控级工控机功能键盘，运行人员可以在线调整画面、显示数据和状态、投退测点、修改参数、控制操作等。其功能包括：调取画面、一览表和测点索引；设置和启动趋势显示；修改模量限值；对所接入站点可控设备发出控制操作命令；设置各种参数；报警确认和画面清闪；打印各种运行日志和一览表；提供系统软件流程示意图。

（6）画面显示

显示全部设备的位置状态、变位信息、保护设备动作及复归信息、直流系统及站用电系统的信息、各个测量值的实时数据、各种告警信息、闸门远程监控系统的状态信息等。

画面显示是闸门远程监控系统的主要功能。画面调用将以自动或召唤方式实现。自动方式指当有事故发生时或进行某些操作时,有关画面能自动推出;召唤方式指操作某些功能键或以菜单方式调用所需画面。画面显示清晰稳定,画面结构合理,刷新速度快且操作简单。

(7)自诊断

监控系统具备在线自诊断功能,能诊断出系统中的故障,并定位故障部位。系统网络上的结点发生故障,都会在操作员工作站上给出提示信息,并记入自诊断表。

(8)授权及安全性

闸门远程监控系统在不同用户(如调度中心、值班员、站长等)共同使用方面还必须解决好授权和安全性问题。系统可根据用户授权,自动允许或禁止其对系统的某些操作。

用户可以通过键入唯一的用户标识和口令进入系统。一旦用户登录系统,系统将根据用户的授权范围,禁止其对不属于授权范围内的对象的操作和控制,并对用户在其授权范围内的对象的各种控制操作进行记录、打印。

(9)数据库与建设

闸站运行管理数据和站点水位数据经格式化处理后形成实时数据,并存入实时数据库,按标准化格式进行归类和存储。

(10)第三方平台数据接入与共享

根据浙江省水利工程标准化运行管理平台的要求,闸门远程监控系统将提供数据接口,实现与第三方平台的对接,为第三方平台提供数据支撑。系统将共享软件操作平台采集到的数据信息,以便运行管理人员查询统计,进一步丰富和充实运行管理平台的管理要素,增强不同管理层级之间的交流和互动,作为具体管理手段,满足深度管理需要。

3.1.3　系统保护

鉴于闸门远程监控系统建成后,基本实行对闸门的远程控制,因此,对闸门的保护尤为重要。

现场闸门启闭机基本为螺杆型。对螺杆启闭机的保护主要包括如下几个方面:

(1)机械限位保护

现地启闭机应加装限位保护开关,确保闸门启闭的行程有一个物理限位。为了保证限位开关的稳定、可靠、经济和便于安装,限位保护开关应选择机械式、接触式开关。限位开关需配置两对触点,一对常闭触点接入启闭机一次控制回路,一对常开触点接入 LCU(现地控制单元)柜。

(2)荷重保护

为了进一步增强启闭机运行的安全性,需给每套启闭机配置荷重传感器。当启闭机出现过力矩情况时,可反馈给控制回路,及时进行切断控制动作。

(3)软件限位保护

在 PLC(可编程逻辑控制器)内部设定启闭机的行程范围,根据实际运行情况确定相应上下限位的开度值,并设定为软行程开关。当闸门运行到设定位置时,切断闸门的控制命令。

(4)过流保护

控制回路采用测量级的互感器,在远程控制情况下,当回路的电流超出设定的阈值,控制回路应能自动切断。

(5)急停保护

远程控制软件配置急停保护功能,按下急停按钮后,集中控制单元及现地控制单元的主供电回路断路,确保在发生紧急情况时做到有效响应。按下急停按钮后,需要管理人员到现场确认事故情况,并手动恢复供电。

(6)数值变化保护

当系统监测到闸门在运行状态,而闸门的开度值无变化,通过设定一个报警时间来确定闸门是否异常,如果超出设定的时间,闸门开度还是无变化,需要停机并现场确认异常情况。如果闸门运行过程中,出现荷重数据为 0 的情况,判断闸门开度是否为 0。如果开度不为 0,而荷重保持 0 值不变,则判定荷重传感器故障,系统做停机处理,并且需要现场确认事故异常问题,问题处理完成后可手动复位。

3.1.4　系统性能

(1)监控系统运行安全性

闸门远程监控系统的安全性、容错性主要由系统全分布方式保证。由于各节点独立,所以每个节点的退出不影响系统其他部分。数据库的各节点均可独立修改,而系统其他部分能照常工作。

保证操作安全性的措施:闸门远程监控系统为每一项功能和操作都提供检查和校核,操作有误时能自动闭锁并报警。任何自动和手动操作都可以记录、存贮并做出提示。在人机通信中设置操作员控制权口令,按控制层次实现操作闭锁,其优先顺序为:现地控制层第一;远程控制层第二。

保证通信安全性的措施:闸门远程监控系统的设计可以保证信息中的一个错误不会导致系统关键性的故障。远端控制层和 LCU 的通信涉及控制信息时,能对是否响应有效信息有明确肯定的指示。

保证系统硬件、软件及固件安全性的措施:①具有电源故障保护和自动重新启动的功能,且具有防浪涌、雷击能力;②初始状态可以预置并进行重新预置;③有自检能力,检测出故障时能自动报警;④设备故障时可以自动切除和自动切换,并能自动报警;⑤系统任何单个元件的故障都不会造成生产设备的误动作;⑥系统设计或系统性能应考虑到重载和紧急临界情况;⑦软件具有一定的防御能力。

（2）监控系统的一般技术性能

①现场环境

计算机主站设备装设在空调室内。主操作员工作站设备和LCU设备设计在下列温度和湿度条件下运行。

A．主控站工控机设备

——湿度 10％—80％

——温度 5℃—35℃

B．LCU设备

——湿度 10％—95％

——温度－5—50℃

②防振动和冲击

监控系统设备在振动频率 5—200Hz，加速度不超过 $5m/s^2$ 的条件下长期运行。

③电气环境

本系统考虑到现场环境中可能存在电磁的、静电的和感应暂态电压，以及电站处于多雷击区的特殊情况，负责确保所有硬件在高静电、高噪声环境下的安全运行，并具有足够的抗雷电干扰措施。暂态电压保护的技术参数和绝缘耐压满足本节的规定。

④尘埃

根据不同的安装位置，考虑防尘措施，采用密闭机柜和带过滤器的通风孔。

⑤噪声限制

在中控室的主控站微机及其外设所引起的噪声小于 60dB。

⑥设备电源

电站分别为主站设备和LCU提供一路 50Hz 交流 220V 的电源，交流电压变化范围－10％—＋15％；另分别为相应现地LCU屏提供一路直流 220V 的电源。

（3）系统性能保证

①状态和报警点采集周期　　　　　　　　$\leqslant$2s

②模量采集周期

　电量　　　　　　　　　　　　　　　　$\leqslant$1s

　非电量　　　　　　　　　　　　　　　$\leqslant$2s

③事件顺序记录点分辨率　　　　　　　　$<$5ms

④现地控制级接收控制指令到开始执行的时间$<$1s

⑤时钟同步精度　　　　　　　　　　　　$\pm$1ms

⑥平均故障间隔时间（MTBF）

　计算机监控系统　　　　　　　　　　　$>$10 000h

　主控级计算机（含磁盘）　　　　　　　$>$17 000h

　现地控制单元　　　　　　　　　　　　$>$17 000h

⑦平均维修时间（MTTR）　　　　　　　　$<$0.5h

⑧计算机监控系统可利用率（A）　　　　　$>$99.9％

（4）网络结构说明、技术指标

本系统采用以太网网络，其信息传输速率应不低于 20M。所有接于该网络的上位设备，包括主机、网关机，以及所有 LCU，均应配置高性能、高可靠性的网卡，与同样是高性能、高可靠性的网络交换机组成一个可靠的网络。上位设备可以通过双绞线与网络交换机进行连接，而网络交换机与下位机的连接，则应通过单模光纤实现，以提高其抗干扰能力。为提高可靠性，下位机的 PLC 应选择带有光纤口的模板。

所有 LCU 应配置智能型的通信控制器，以与由其他人供货的设备进行连接。通信控制器应具有标准的串行接口或以太网口，满足通信规约如 Modbus TCP、TCP/IP、Modbus RTU 等技术指标。

(5)计算机监控系统可扩性和可变性

①系统可扩性的限制

点容量或存储器容量的极限   150%

使用的程序、地址、标志或缓冲器的极限   150%

数据速率极限   100Mbit/s

增添部件时,接口修改或部件重新定位等设计和运行的限制   150%

②系统扩充范围

备用点不少于使用点设备的   20%

电站控制层 CPU 负载和存储器容量预留的余度 >50%

现地控制装置、外围设备或系统通信的备用接口 >20%

通道利用率留有的余度   >50%

CPU 平均负载率不超过   50%

CPU 最大负载率不超过   70%

③监控系统的可变性

在保证系统原有功能正常工作,不受改变影响的情况下,说明用户在运行现场对本系统装置中点参数或结构配置改变的可能性,并说明被改变的各点参数或结构配置的限制条件。

系统允许用户补充、修改被测点的定义、定值、单位、标度及其他数据特征;允许对前置机重新编址和重新布置;允许用户自行开发画面、打印格式及其他功能。

(6)监控系统硬件设备特性

①模量输入、输出特性

模量输入信号接口连接方式   差分

模量输出信号接口连接方式   差分

A.模量输入接口参数

a.信号范围

电流   4—20mA

电压　　　　　　　　　　　　　　0—10V

b. 输入阻抗

电流　　　　　　　　　　　　　　＜250Ω

电压　　　　　　　　　　　　　　＞9MΩ

c. 模数转换分辨率（含符号位）　　≥ 12 位

d. 最大误差（25℃）（从变送器取信号）　≤±0.25%

e. 共模电压　　　　　　　　　　　≥200V

f. 共模抑制比　　　　　　　　　　≥90dB

g. 常模抑制比　　　　　　　　　　≥60dB

h. 抗干扰措施　　　　　　　　　滤波、隔离、抗浪涌

B. 模量输出接口参数

a. 信号范围

电流　　　　　　　　　　　　　　4—20mA

电压　　　　　　　　　　　　　　0—10V

b. 负载阻抗

电流　　　　　　　　　　　　　　＜500Ω

电压　　　　　　　　　　　　　　＞2000Ω

c. 信号精度　　　　　　　　　　　±0.25%

d. 模数转换分辨率（含符号位）　　12 位

e. 响应时间　　　　　　　　　　　≤2s

f. 共模电压　　　　　　　　　　　200V

②数字量、开关量输入接口

A. 参数

a. 信号范围

电流　　　　　　　　　　　　　　10mA

电压　　　　　　　　　　　　　　24V

b. 最小变态检测时间　　　　　　　2ms

c. 最大变态检测时间　　　　　　　30ms

d. 接地电阻 $<4\Omega$

e. 在工作电压下接点对地电阻 $>0.1M\Omega$

f. 数字信号输入接口抗干扰及防浪涌电压措施   LCU 开关量输入采用光隔和浪涌吸收

B. 数字量输出接口参数

a. 信号范围

电流   0—50mA

电压   0—30V

b. 信号持续时间   可调

c. 接点开断容量   50W

d. 继电器固有动作时间   5ms

③ 脉冲量输入特性

a. 信号电压   5V、12V、24V

b. 信号电流   10mA

c. 最小变态检测时间   30ms

d. 最大计数率   999999

e. 最小计数范围   －999999

f. 计数冻结控制方式   由主机给出冻结及清零指令

④ 通信接口特性

A. 与调度系统的通信接口特性

a. 通信方式   同步或异步串行方式

b. 与本系统同步时钟校正精度 $\pm 1ms$

c. 通信接口设备的误码率 $<3\times10^{-3}$

d. 接口标准   EIA/RS-232C 或 CCITT V. 24

B. 总线网的通信接口特性

a. 通信方式   以太网

b. 接口标准   IEEE 802

c. 传输速率   1000Mbps

d. 传输介质   光纤

⑤交流采样

用多功能仪表进行交流采样输入信号

a. 电压   0—100V

b. 电流   0—5A

c. 输出接口   RS232/RS485

d. 规约   MODBUS

e. 被测内容   V、A、W、VAR、$COS\varphi$、Hz

⑥人机接口特性显示器

a. 屏幕尺寸   24 英寸

b. 显示器连接电缆长度   30m

(7)键盘

标准键盘型式   101 键

3.2 安地灌区物联网感知体系建设

3.2.1 建设目标

根据水利工程管理数字化要求,结合灌区特性和运行管理需求,对安地灌区工程感知对象和感知手段进行深入分析。水利工程感知对象可分为水文气象类、水利工程类和运行管理类等方面,感知由对象到内容再到要素,感知结果为结构化数据和非结构化数据。感知手段从传统的以传感器直接监测为主的方式,转变为基于物联网、北斗高精度 GNSS、高精度 GPS 监测等传感、定位、遥感技术,建立空天地一体化的监测网络,实现水情、雨情、流量、闸位、工程安全及图像六大感知系统的实时在线监测监控,跨区域、行业交换和共享,形成新型的一体化自动感知体系。

3.2.2 建设原则

安地灌区物联网感知系统在建设实施过程中应遵循标准、兼容、安全、稳定、易用、可扩展、实时高效、集约建设、资源共享等原则,建设标准上应遵循国家和行业信息化建设有关标准及要求。

以各系统相关标准规范为依据,利用当前先进的科学技术成果,选用成熟可靠的设备和模型进行安地灌区物联感知系统建设,同时规范施工过程。

(1)先进性

安地灌区物联感知系统实施中充分利用现代信息化科技的发展成果,把物联网、云计算、移动互联网等技术广泛应用在水利数据采集、工程运行管理等业务系统中。项目建成后将达到国内先进水平。

(2)可靠性

安地灌区物联感知系统实施选用行业优秀品牌的设备,全部设备和软件系统平均无故障时间(MTBF)达到国家和行业标准,同时提供良好的服务,及时响应,及时排除系统故障,保障系统运行安全可靠。

(3)扩展性

安地灌区物联感知系统建设实施考虑到未来业务发展的需要,降低各功能模块耦合度,并充分考虑兼容性。系统建设可支持对多种格式数据的存储。以参数化方式设置系统管理采集设备的硬件配置、删减、扩充、端口设置等,系统地管理软件平台并配置应用软件。各采集设备选型采用模块化设计的产品,各功能单元维护、更换、扩充应方便快捷。应用软件采用的结构和程序模块化构造,充分考虑,使之具备较好的可维护性和可移植性,并同时考虑业主单位、地方水利系统等相关系统的数据共享。

(4)完整性

充分分析当前安地灌区自动化、信息化系统设施,建设安地灌区物联感知系统,使系统建设满足管理单位领导、业务人员等的运行管理要求,做到不缺项,保证系统完整。

(5)安全性

安地灌区物联感知系统数据大多直接关系到调度安全,系统的总体建设必须具有高度安全可靠性,系统建设使用操作权限控制、设备钥匙、密码控制、系统日志监督、数据更新严格凭证等多种手段,防止系统数据被窃取或篡改。系统的设备选型、调试、安装等环节都应严格执行国家、行业的有关标准,贯彻质量条例,保证恶劣环境下和突发事故情况下系统的可靠运行。

3.2.3　主要内容

安地灌区物联感知控制体系包括水情(流量)感知系统、水质感知系统、雨量感知系统、土壤墒情监测设施、工情采集系统和安全监测系统,主要对安地灌区进行水位、雨量、流量、水质、土壤墒情、工程安全和闸位信息的采集与管理,帮助管理人员更好地了解灌区用水量测信息,做出更好的决策分析,实现全流域的管控及运行。

3.2.3.1　水情(流量)感知系统

在干渠、支渠的关键节点和渠系建筑物(水闸)布置水位(流量)监测站,实时监测灌区水位(流量)动态变化情况,同时为实现智慧平台功能提供数据支撑。对灌溉涵管(DN100—500mm)进行升级改造,计量灌溉水量,为灌溉用水管理提供有效的数据支撑。

(1)系统结构

水情(流量)感知系统由雷达水位计(管道流量计)、无线遥测终端、太阳能供电系统、无线传输网络等组成。系统以遥测站和通信网络为核心,向下提供传感器信号接口,向上提供数据接口,将分散的装置构成一套遥测系统。遥测站装备有太阳能电池板和蓄电池,可在无人干预的情况下连续工作 7 天,整个系统完整可靠。系统结构如图 3-2 所示。

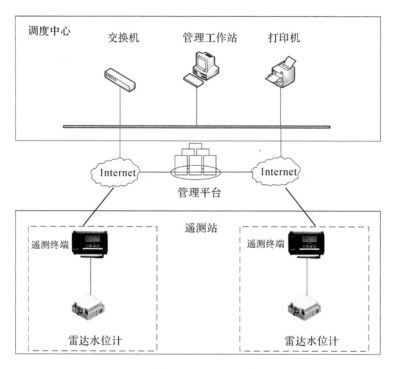

图 3-2　水情(流量)感知系统结构图

(2)工作模式

系统采用自报式、查询—应答式相结合的遥测方式和定时自报、事件加报和召测兼容的工作体制。

应答模式为请求方发起、响应方应答。步骤如下:

①请求方发送请求命令给响应方;

②响应方接到请求后,向请求方发送请求应答(握手完成);

③请求方收到请求应答后,等待响应方回应执行结果。如果请求方未收到请求应答,按请求回应超时处理;

④响应方执行请求操作;

⑤响应方发送执行结果给请求方;

⑥请求方收到执行结果,命令完成。如果请求方没有接收到执行结果,按执行超时处理。

自动监测站发送数据到智慧河湖管理云平台,实现流量信息互联互通,水雨情信息采集应在 1min 内完成并进行存储。服务器对采集的信息进行统一保存编制后,通过平台展示最终的数据。频次为每 5min 进行一次水雨情信息采集,每 10min(可以根据实际情况设定)上报一次。现地的信息存储量大于 1 万条。

(3)系统功能

①数据采集功能

系统配置有开关量输入、模量输入、数字量输入 3 种类型的输入接口,可以实时测量水位、蓄电池电压、电流、状态灯。后续如果系统需要增加新的设备,可以直接接入,不需要更换设备。

系统采集方式分为连续实时采集和定时可选采集,以应对多种情况需求。

②数据上报功能

遥测终端在线时,完成水位数据的实时上报,上报间隔时间为 5min(可自动设置),数据通过移动网络上传到云服务器;遥测终端离线时,数据存储在本地,存储时间大于一年,当终端再次上线时,可将历史数据分条上传至云服务器,数据带时间戳。

③远程管理功能

支持通过无线网络进行远程参数设置、程序升级。参数设置包括改变上报的服务器地址(IP 和端口)、上报间隔时间、心跳包、采集时间间隔、存储时长等。

④限位设定及报警功能

根据现场的实际情况,可以设定数据的限位,包括上限位和下限位。如果监测数据越限,遥测终端会立即上报告警信息。

⑤远程更新功能

当服务器地址变化或者软件需要更新升级时,遥测终端具备的远程更新软件、打补丁功能,可以确保产品稳定运行。

⑥传输规约及通信协议

系统内部支持的协议为 Modbus RTU 协议,外部对接协议采用可修改的数据格式协议,并满足以下传输规范:《国家水资源监控能力建设项目标准》(SZY 103-2019)、《水资源监测数据传输规约》(SZY206-2016)。其他传输规约可定制开发。

系统支持多种通信协议,包括 Modbus RTU 协议、TCPP/IP 协议等。系统数据可无缝对接到任意可提供接口的软件平台。

⑦多平台转发

系统数据实现多个 IP 端口发送,满足数据上报到多个平台,包括温州市生态流量监管平台、永嘉县生态流量监管平台等。最多可满足 4 个平台同时上报数据。

3.2.3.2　水质感知系统

水质感知系统是利用现代高科技手段,实时快速监测地表水水质变化情况,及时发现突发环境污染事件,为环境质量评价和环境污染控制提供决策支持的系统。系统以多种水质传感器(包括水温、pH、电导率、溶解氧、浊度、化学需氧量、氨氮、总磷、总氮)为核心,能够在线控制、自动取水、实时监测以及智能分析监测数据的自动监测系统。满足对于地表水、地下水、水污染源水质在线监测的要求,具有成本低、操作简便、易于维护的特点,能够及时、准确地对目标水域的多种参数进行精确可靠的测量,并将数据上传到远程服务器。

依据国家《地表水环境质量标准》(GB3838-2002)的要求,建立灌区水质感知系统,选取 pH、温度、溶氧、电导率、浊度作为监测指标,建立灌区水环境评价体系的水质感知系统。根据灌区实际情况,在干渠主要取排水口布置水质感知系统,用于监测灌区主要水源来水水质和排水水质。

分布于各监测断面的监测站全自动运行,对现场水质进行实时监测并记录水质的变化,通过专用的通信系统,将监测数据上传至云服务器,从而实现远程监控。数据采集传输单元通过数字通道或模拟通道采集在线监测仪器的监测数据、状态信息,然后通过 4G 网络将数据、状态传输到控制中心,控制中心同时通过传输网络发送控制命令,数据采集传输单元根据命令控制在线监测仪器工作。水质感知系统结构如图 3-3 所示。

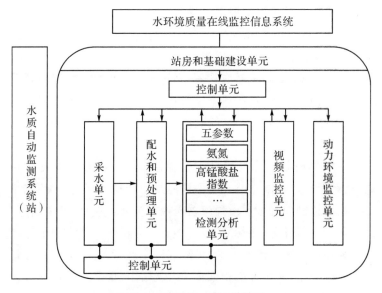

图 3-3　水质感知系统结构图

（1）采水单元

采水单元的功能是在任何情况下确保将采样点的水样引至自动站仪器室内，并满足配水单元和分析仪器的需要，一般包括采水构筑物、采水泵、采水管道、清洗配套装置和保温配套装置。

（2）配水和预处理单元

配水单元是将采水单元采集到的样品根据所有分析仪器和设备的用水水质、水压和水量的要求，分配到各个分析单元和相应设备，并采取必要的清洗、保障措施，以确保系统长期运转。配水单元一般分为流量和压力调节、预处理及系统清洗3个部分。

流量和压力调节：配水单元能够通过对流量和压力的调配，满足所选用仪器和设备对样品水流量和压力的具体要求。

预处理：配水单元需满足标准分析方法中对样品的预处理要求。配水单元可以根据不同仪器采取适当的过滤措施。在不违背标准分析方法的情况下，可以通过过滤达到预沉淀的效果，也可以用预沉淀替代过滤操作。

系统清洗：配水单元应设置清洗功能。该功能能够遍及系统管路和相关设备，且不损害仪器和设备，也不会对分析结果造成影响，通常需具备压缩空气吹洗、自来水冲洗两种清洗方式。

（3）控制单元

系统的控制单元具有系统控制、数据采集、存储及传输功能，在系统断电或断水时具有保护性操作和自动恢复功能。

系统控制单元主要由程序逻辑控制单元、总空气开关、各仪器设备的空气开关、接触器、直流电源、继电器和接线端子等组成。为保证系统监测站连续、可靠和安全运行，统一协调各设备及仪表的关系，系统控制单元需采用基于工业控制级别的程序逻辑控制系统，对监测站各单元按要求进行控制。

通过水质感知系统实现现场与中心控制系统的通信，控制给水配水采样,设置监测频率、采样间隔等;直接仪表校检;按照组态数据的要求对数据进行现场模拟图、运行控制状态组、数据列表等监视;对现场信号源数据进行不同类型的监视,以便于直观获得信息;可对监视的数据进行报警定义,可设高限报警、低限报警、开关量报警等,并记录报警时间,形成报警报表,提供可组态的工具,对监视点信号进行报警组态设置。同时,对通信故障进行管理及分析,为恢复异常通信提供分析依据。

现场监控操作系统软件主要满足用户的现场监视需求,具备人机操控中心监控组态软件的功能,同时能实时记录中心控制系统传输的所有数据(可本地备份数据),并将数据传输至分中心。

远程监控功能使用户能远程设置和远程采集监视分析仪器、泵、阀等设备的运行工作状态参数及水压情况,对采样、反吹、清洗等流程,监测站房工作环境和安全控制等按要求进行检测及控制。

(4)数据采集传输单元

数据采集单元通过数字通道、模拟通道采集在线监测仪器的监测数据、状态信息,然后通过传输网络,将数据、状态信息传输到监测中心。同时,监测中心通过传输网络发送控制命令,数据采集传输单元根据命令控制在线监测仪器工作。

①对仪器设备的数据采集功能

现场的仪器有两大类:数字类仪表和模拟类仪表。

数据采集传输单元需具备以下功能:可通过数字接口获取、分析仪器及辅助设备的工作状态,如运行、采样、测量、留样、校准、报警、启动、停止、清洗、药剂添加、远程对时、供电状态、室内温湿度等安全信息;具有实时数据采集、历史数据查询和存储功能,能在现场进行两年以上的历史数据存储和查询;抗干扰能力强,具有停电自动切换、来电自动恢复、异常自动启动和复位等功能。

②可通过数字接口实现相关仪器参数的远程控制功能

数字标准接口:安地灌区续建配套与节水改造项目中的水量水质监测平台所采用数字标准接口与现场所有具有数字接口和协议的设备进行对接,实现对仪器设备的远程控制、远程对时等功能。通信协议一般采用标准的 Modbus RTU 协议,同时可任意定制扩展通信协议。数据采集单元的数字接口是标准 RS232、RS485 串口和以太网网络口,用于数字信号的采集与传输。

数据传输系统:在系统完成对现场数据的采集后,数据传输系统负责完成数据从现场监测站到调度中心的传输工作。对于水质自动监测站,要求使用 VPN 作为通信线路,这样能保证通信具有稳定性、保密性、可靠性且通信速率较高。同时,预留标准 RS232 通信口作为备用传输通道,并支持其他通信方式。

3.2.3.3 雨量感知系统

在灌区代表点增置雨量监测站,用于完善灌区内雨量数据的监测采集。

雨量监测设施所配仪器设备满足《水文自动测报系统技术规范》(SL61-2003)的要求,仪器安装符合《水文基础设施建设及技术装备标准》(SL276-2002)的相关要求。雨量感知系统建设方案如下:

(1)通信信道

监测站采用 GPRS 无线网络进行通信。GPRS 网络是由国家投资建设的一个公共移动通信网,采用最可靠的数字通信技术,网络覆盖面积大,技术先进,各种配套服务齐全,具有分发功能,这为水雨情自动采集提供了极佳的通信方式。本项目灌区的两处水雨情监测站点选址已在 GPRS 网络的覆盖范围内,因此,采用 GPRS 作为通信信道组网是切实可行的。

（2）工作制式

自动监测站采用自报式、查询—应答式相结合的遥测方式和定时自报、事件加报和召测兼容的工作体制。

自动监测站发送雨情信息到标准化管理信息中心云平台，实现雨情信息互联互通，雨情信息采集应在 1min 内完成并进行存储。服务器对数据进行统一保存编制后，通过应用软件展示最终的数据。频次为每 1 分钟进行一次雨量信息采集，每 10min（可以根据实际情况设定）上报一次。现地的信息存储量大于 1 万条。

系统同时具有查询当前数据的功能。用户要及时了解某监测站的信息，只需手动在平台软件中点击主动召测按钮，即能触发该监测站，使之按用户的要求向中心站发送数据。

（3）供电模式

灌区内雨量监测站设置因布设电源存在难度，而整个雨情监测站的组成耗能较小，因此，供电系统采用蓄电池组供电、太阳能电池补充的供电方式，既能保证正常供电，又可简化系统结构。同时配备太阳能充电器，避免蓄电池过冲或放空，从而起到保护蓄电池，延长蓄电池使用寿命的作用。

3.2.3.4 视频监控系统

在渠道敏感断面、主要建筑物（渡槽、水闸、涵洞）等处按需补充建设视频监视点，用于监视工程运行情况和安防管理。

系统采用智能监控整体解决方案，包括网络高清摄像机、网络传输设备、云存储和配置良好的人机交互界面，构成以计算机为核心的数字式视频监视系统。

摄像机像素为 400 万高清星光球机，码流为 4M，存储周期为 30 天。智能 IP 视频监控系统是基于 TCP/IP 网络的信息传输和管理系统。系统以网络集中管理为理念，采用 C/S 架构，运用先进的 H.265 视频编解码技术，以专业的网络为传输手段,可以实现视频编解码设备和用户的集中管理,完成视频的信息采集、网络传输和存储。视频监控系统结构如图 3-4 所示。

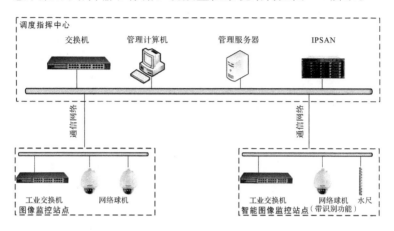

图 3-4　视频监控系统结构图

视频监控系统应能实现不同设备及系统的互联、互通、互控,实现视音频及报警信息的采集、传输、转换、显示、存储、控制;应能进行身份认证和权限管理,保证信息的安全;应能与报警系统联动,并提供与其他业务系统联动的数据接口。视频监控系统的主要功能包括:

(1)远程控制

应能通过手动或自动操作,对前端设备的各种动作进行遥控;应能设定控制优先级,对级别高的用户请求应有相应措施保证优先响应。

(2)存储和备份

云存储设备具有对前端视频录像备份存储的功能,同时可通过客户端完成录像下载、回放等。

(3)历史图像的检索和回放

按照指定设备、通道、时间、报警信息等要素检索历史图像资料,并回放和下载。回放应支持正常播放、快速播放、慢速播放、逐帧进退、画面暂停、图像抓拍等,并支持回放图像的缩放显示。

(4)前端编码器

支持双码流,满足实时监控流和存储流采用不同的编码方式、清晰度和带宽,以满足必要的实时监控和存储策略,如支持实时监控流采用 H.265 编码。

(5)报警管理

接收报警源发送过来的报警信息,根据报警处置策略将报警信息分发给相应的系统、设备进行处理。报警源包括前端报警(探测)设备/报警子系统、监控设备的视频移动侦测输出等。当报警发生时,监控中心及时记录报警的详细信息,如报警地址、报警级别、报警类型、报警时间等。

(6)系统的人机交互

支持 Web 方式管理,具有直观、友好、简洁的人机交互界面,具有视频画面分割显示、信息提示等处理功能。能反映自身的运行情况,对正常、报警、故障等状态做出指示。

(7)用户管理

对管理范围内所有监控设备及用户进行权限划分,添加管辖范围内的用户。

(8)第三方系统接口

系统预留第三方业务系统接口,可实现与其他系统的联动。

3.2.3.5　土壤墒情监测系统

土壤墒情监测系统对农业灌溉区域的土壤进行相对含水量监测,能真实地反映被监测区的土壤水分变化,可及时、准确地提供各监测点的土壤墒情状况,为减灾抗旱提供决策依据。安地灌区墒情监测对重点农业灌溉区域,特别是连片种植区域进行土壤含水量监测,实时反映被监测区域的土壤水分变化,为智能化灌区水资源运行及调度模型提供墒情大数据。

土壤墒情监测系统采用多路土壤水分传感器,并将传感器布置在不同的深度,实现监测点的剖面土壤墒情监测。土壤含水量一般是指土壤绝对含水量,即 100 克烘干土中含有若干克水分。土壤湿度传感器采用 FDR 频域反射仪,利用电磁脉冲原理,根据电磁波在介质中传播频率来测量土壤的表观介电常数,从而得到土壤相对含水量,然后换算为绝对含水量。FDR 具有简便安全、快速准确、定点连续及自动化、宽量程、少标定等优点。系统实时监测土壤水分,各监测点可灵活进行单路测量或多路剖面测量。土壤水分超过预先设定的限值时,立刻上报告警信息。土壤墒情感知系统结构如图 3-5 所示。

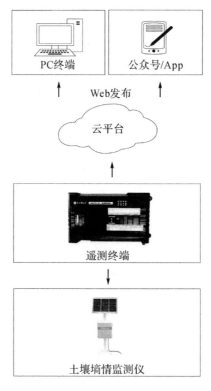

图 3-5 土壤墒情感知系统结构图

3.2.3.6　工况采集设施

目前灌区内采用手动螺杆式水闸进行工况状态监测,现针对灌区内管理所、监管所所属水闸和乡镇监管所所属水闸进行闸位计安装,并上传至智慧管理平台,能实时反映工程运行情况,为运行调度提供保障。

工况采集系统主要设备由闸位计、现地供电系统、数据采集终端、通信网络等组成,利用 GPRS 通信网络将闸门开度数据传输到调度中心,同时利用宽带网络作为备用传输通道。2 个水闸配 1 台终端。工况采集系统结构如图 3-6 所示。

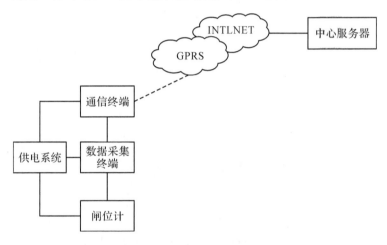

图 3-6　工况采集系统结构图

3.2.3.7　安全监测系统

在前期安地灌区开展标准化建设的基础上,监测仪器如倾斜仪等均接入自动化采集系统,实现自动化监测。每个渡槽安装一套监测自动化采集设备,通过 GPRS 无线传输装置传输至安全监测云平台。用户可以在任何地点、任何计算机上通过浏览器登录,直接查看渡槽监测数据采集与整编系统,实现渡槽安全监测管理信息远程管理。安全监测系统结构如图 3-7 所示。

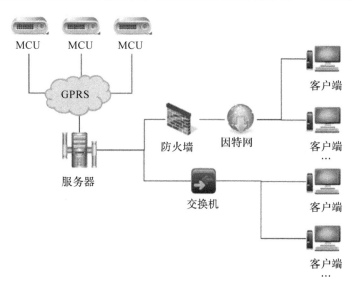

图 3-7　渡槽安全监测系统结构图

3.3　安地灌区通信网络体系建设

安地灌区将构建一个高速稳定的信息传输网络,采用有线网与无线网相结合、自建与租用相结合、内网专网与外网相补充的方式,将数据传输的"高速公路"铺设到每个信息节点,实现"最后一公里"的数据传输,从而充分满足当前及今后一段时间内信息高速、稳定传输的要求,为数据互通、共享和实时互动提供可靠通道。通信网络体系结构如图 3-8 所示。

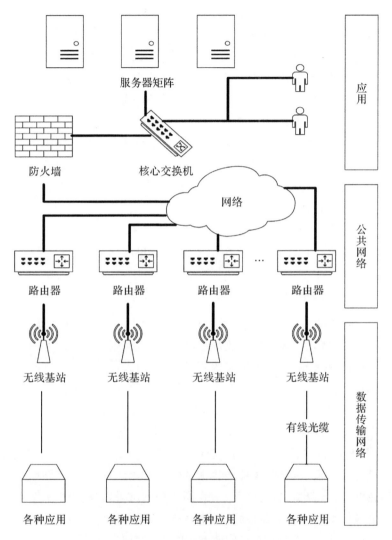

图 3-8 中心网络拓扑结构图

河道物联监控系统设计多种通信网络,涵盖多种网络型式,主要包含 GPRS 网络、运营商专线 VPN、固定 IP 网络等。网络建设是系统的运行脉络建设,网络的稳定性直接关系到系统整体的稳定性。

(1)GPRS网络

水位、流量等感知系统中,传感器数据都集中在遥测终端,遥测终端通过GPRS网络与云服务器进行通信。

(2)运营商专线VPN

视频、闸控点位分布较为分散,且点数较多,因此要采用租用运营商VPN的方式。VPN网络是运营商范围内的虚局域网,不与外网连接,可保证网络安全。

(3)固定IP网络

固定IP网络主要用于日常办公和数据上传。控制工作站安装双网卡,通过配置交换机策略,实现单向网络访问。

3.4 安地灌区调度指挥中心升级改造

调度指挥中心为安地灌区信息化系统的主要工作场所,中心配置多功能、多参数的监测控制系统,对调度运行管理人员调度控制、指挥决策提出更高的要求,同时向人们展示和传递丰富信息,使人们真切感受调度中心智能技术的强大支撑能力。

在标准化建设基础上,对监控室的大屏显示系统和集成操作工作台进行升级,采用LED高清面板电视(属国际最领先的LED高清晰数码显示技术,融合了高密度LED集成技术、多屏幕拼接技术、多屏图像处理技术、网络技术等,具有高稳定性、高亮度、高分辨率、高清晰度、高智能化控制、操作方法先进的大屏幕显示系统),可与监控系统、指挥调度系统、网络通信系统等子系统集成,形成一套功能完善、技术先进的信息显示及管理控制平台。整套大屏显示系统的硬件、软件设计已充分考虑到系统的安全性、可靠性、可维护性和可扩展性,存储和处理能力满足远期扩展的需求。大屏显示系统主要由工作站、显示屏独立主控和 LED 大屏组成,LED 大屏通过显示屏独立主控,实时展示电脑端界面。

3.5　安地灌区标准化运行管理平台升级研发与应用

3.5.1　灌区能力中心

3.5.1.1　灌区前置库

安地灌区前置库的定位是通过充分借鉴当前业界的数据中心的建设实践经验,从安地灌区自身的核心需求出发,从垂直业务数据入手,打通从数据汇聚、数据治理、数据交换与共享到数据 API 共享服务的工作全流程,建设合理且符合安地灌区需求的前置库。安地灌区前置库建设内容及架构如图 3-9 所示。

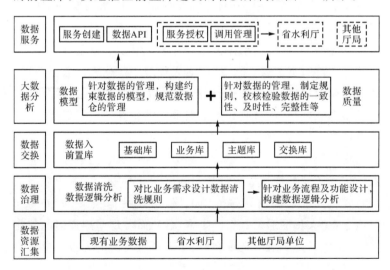

图 3-9　灌区前置库架构图

(1)数据汇聚

①已建数据接入:对已建梅溪、安地水库系统中的自动化控

制、水雨情监测、视频监视、流量监测、安全监测等各类实时系统的数据,按照通信协议要求进行统一采集处理,并按标准接口要求写入数据仓,为后续系统提供数据支撑。

②感知数据汇聚:感知数据汇聚系统是水利数据利用承上启下的重要一环,水利领域前端感知和控制设备类型较多,各设备的通信协议有所不同,通过构建统一的感知数据汇聚系统,适配设备的异构性,整合基础感知控制设备资源,实现数据的高效传输,防止数据的丢失、重传,最终实现"链路切换自动化、协议解析通用化、参数调节动态化、健康检查智能化",为上层业务系统开发提供基础支撑。

③视频数据汇聚:视频数据汇聚系统采用多媒体网关技术和视频编解码技术,对安地灌区中存在的视频资源进行汇聚监管,系统接收视频汇聚、视频分发及存储设计,最终实现灌区水利视频数据的共建共享、集中管理和统一调度,实现不同设备及系统的互联、互通、互控,为上层业务系统开发提供基础支撑。

④遥测数据汇聚:遥感监测对天空地一体化进行数据获取,通过几何处理、辐射处理、云影检测有效合成规范化、标准化的海量影像数据,利用遥测数据汇聚系统结合高性能计算技术,对海量影像数据按系统建立的统一标准进行处理,处理后的多方数据集中至中心平台,再以统一标准对外提供数据服务,使遥测数据按一定业务规则成为可复用的信息资源服务。遥测数据汇聚系统在实现数据的高效传输汇聚,防止数据丢失、重传的同时,也避免大量的遥测数据产生堆积,从而实现遥测数据的共建共享、集中管理和统一调度,真正实现遥感监测的大数据价值。

(2)数据治理

制定和落实数据责任制度,形成上下级联动的数据责任机制,规定具体数据的建设、更新机制和责任机构、责任人,实现"应用更新数据、数据支撑应用"的良性循环。

按照水利信息资源相关标准规范要求,定制开发数据抽取、清洗、转换、融合、加载流程,将原始分散、重复、低质量的数据,治理成为格式统一、类型统一、单位统一、编码一致、逻辑一致、数源清晰的高质量数据集。

(3)数据交换与共享

开展数据资源目录整理及维护、基础数据管理与维护、数据共享交换等工作,对数据资源目录保持统一规范。建立数据共享交换系统,提供元数据目录、异构数据库复制、实时同步、交换整合以及跨网络远程通道传输服务等一体化功能,实现数据复制、数据同步、读写分离、数据迁移、数据归档卸载、数据汇聚整合、数据分发、数据服务等应用场景,为水利业务提供省、市、县三级数据共享交换,打破“数据壁垒、信息孤岛”等滞后现象。浙江省水利厅对数字水利工程的建库要求如图 3-10 所示。

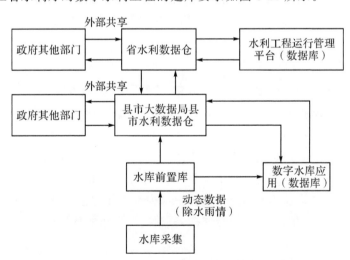

图 3-10　浙江省水利厅对数字水利工程的建库要求

(4)数据服务

在数据库的基础上,将具体的数据需求从数据库中进行抽象、提取,形成标准化、共享化的数据集,向应用层提供统一的数据服务。根据数据模型,将数据组件按业务需求重构,以统一服务的方式传输给应用系统。数据服务支持统一访问、目录服务、订阅服务、报表服务、多维分析、数据挖掘等功能。

(5)大数据分析

大数据分析对多源数据进行大数据统计分析和大数据智能挖掘,为平台进行数据赋能。本项目将研究建立大数据分析模型体系。

大数据分析服务:通过对数据仓中的灌区数据进行相关分析、回归分析、时间序列分析、聚类分析和判别分析等,实现预测、预警的目的。

大数据智能挖掘服务:对数据仓中的灌区数据进行神经网络挖掘、决策树挖掘、遗传算法挖掘、模糊集挖掘和关联挖掘,通过分析模型的构建,实现模型的自我学习,达到智能分析决策的目的。

3.5.1.2 灌区三维模型

灌区三维地图是基于天地图三维地图,加载灌区的倾斜三维摄影数据和卢家闸 BIM 模型,同时集成一期拍摄的倾斜摄影。灌区三维模型主要实现基于三维地图的大场景的浏览、空间漫游、BIM 模型的漫游浏览、BIM 模型的构建属性信息查询等。在三维地图的基础上,提供灌区内工程信息的查询,并展示工程的动态及静态信息。灌区三维模型的构建包含倾斜摄影三维建模、卢家闸 BIM 模型建模、三维模型发布的预处理、三维模型发布等工作。

(1)实景三维模型(倾斜摄影)

通过倾斜摄影技术,获得同时段同位置多个不同角度、具有高分辨率的影像。基于航测采集的含有丰富地物纹理和位置信息的数据,建立高质量、高精度的实景三维模型。

安地灌区主要渠系建立三维模型,建设范围为 38.83km(长度),分别为主干渠 3.35km、东干渠 21.48km、中干渠 7.28km以及西干渠 6.72km,同时无缝对接梅溪流域,形成全流域三维展示。

对安地灌区进行实景三维建模(如图 3-11 所示),航摄范围按水渠各外扩 150m(总宽 300m),以保证项目两侧周边实景模型可浏览。

图 3-11　灌区实景三维模型

数据处理及建模指标要求:

①外业航摄要求

为保证模型成果完整性,针对带状区域,外扩比例需适当放大,总体外扩范围应以保证测区模型完整性为准。相片航向重叠度不低于 80%,旁向重叠度不低于 70%,需满足倾斜摄影建模的要求。

②像控点布设要求

整个测区的像控点布设满足《1:500　1:1000　1:2000地形图航空摄影测量外业规范》(GB/T 7931-2008),且在像控点布设时一般先到合适点位,在航飞作业前采集像控点坐标。

有明显标识的利用标识点作为像控点,例如采用地面道路标识线;若无明显标识,则在硬化的路面喷绘像控点。

③三维模型精度要求

水渠全域有坝体建筑或两岸有居民区房屋的,模型精度优于 0.05m,三维建筑模型不畸变,纹理清晰自然无拉花,水面玻璃等高反光区域纹理、形态正常。

④数据格式

数据格式为 OSGB。三维数据应以所见即所得的方式真实反映城市原貌,所有地形、地物形状、色彩、亮度、对比度和清晰度都应是真实的。

⑤数学基础

平面系统:CGCS2000 坐标系。

高程系统:1985 国家高程基准(二期)。

⑥模型修饰

A. 数据完整美观性

a. 数据底部无碎片;

b. 数据边缘裁切整齐,以提供 kml 为准;

c. 数据纹理整体上无明显色差;

d. 纹理需经过去雾、色彩增强等处理。

B. 水域

水面修整。

C. 植被

a. 破洞修补,尤其是林区不得有 $1m^2$ 以上破洞;

b. 去除悬浮植被;

c. 植被区无 $1m^2$ 以上破洞,破洞面积不超过植被区面积的 10%。

D. 马路:四车道

a. 道路置平,道路纹理无明显错位;

b. 删除明显漂浮物,有特殊要求除外;

c. 删除半截残留的路牌、树干等。

(2)BIM 模型

灌区 BIM 模型选取卢家闸构建 BIM 模型。BIM 技术由 Autodesk 公司在 2002 年率先提出,已经在全球范围内得到业界的广泛认可,它可以帮助实现建筑信息的集成,从建筑的设计、施工、运行直至建筑全寿命周期的终结,各种信息始终整合于一个三维模型信息数据库中。设计团队、施工单位、设施运营部门和业主等各方人员可以基于 BIM 进行协同工作,有效提高工作效率,节约资源,降低成本,以实现可持续发展。

BIM 的核心是通过建立虚拟的建筑工程三维模型,利用数字化技术,为这个模型提供完整的、与实际情况一致的建筑工程信息库。该信息库不仅包含描述建筑物构件的几何信息、专业属性及状态信息,还包含了非构件对象(如空间、运动行为)的状态信息。借助这个包含建筑工程信息的三维模型,大大提高了建筑工程的信息集成化程度,从而为建筑工程项目的相关利益方提供一个工程信息交换和共享的平台。项目选取卢家闸水闸构建 BIM 模型,并在平台中实现基于 BIM 模型的浏览,实现快速 BIM 模型定位,提供墙体透明、部分透明、初始材质的切换,提供 BIM 模型构建属性的查询。

(3)灌区三维模型预处理及发布

①灌区三维轻量化预处理对大场景轻量化处理主要是对数据进行压缩及优化,以减少模型规模,降低内存使用量,加快显示速度。

②灌区三维模型的数据偏差处理是通过统一坐标系,解决数据偏移问题,利用相关软件调整模型数据,实现平台间三维数据格式的兼容与共享。

③灌区三维数据库构建包含倾斜摄影、全景等数据以及工

程数据的管理。

④灌区三维服务构建通过 3D 软件对三维模型进行集成发布，并根据系统功能开发要求，提供不同类型的数据格式。

⑤灌区三维服务发布轻量化三维场景，发布三维服务数据，并实现三维地图服务的调用。

3.5.1.3 灌区模型库

针对安地灌区水资源相对紧缺的现状，结合安地灌区实际，创建安地灌区智慧灌溉决策模型库。灌区模型库根据灌区农业产业数据和基础布局数据，融合工况、水情、墒情、气候等数据，实现灌区的灌溉需水量实时预报，开展灌溉方案的智能化决策，提出灌区多级渠系的优化配水方案。因此，该模型库主要包括种植物遥感识别模型、深度学习的多源感知实时灌溉预报模型、基于强化学习的智能灌溉决策模型、渠系多目标动态配水模型、灌区工程安全评估模型。安地灌区已经初步搭建实时灌溉预报模型，目前正处于模型运行结果验证阶段，下一步将构建深化学习算法，构建基于多源感知的实时灌溉预报模型。

（1）种植物遥感识别模型

①总体目标

传统的种植物监测往往通过大量的人工实地考察和经验判断进行，效率低、时效慢、覆盖面小、成本高，难以进行实时精细的监测。

基于遥感数据，得到已知植物的多光谱图像，进行光谱特征提取，构建已知植物的光谱模型，对图片作业区域进行基础块划分。对每个基础块进行多光谱图像采集，并输出到图像处理站进行光谱特征提取。图像处理站提取到各个基础块的光谱特征之后，将光谱特征与光谱模型进行对比分析，得到各个基础块内是否有光谱模型所对应的植物，以及该植物的生长信息。

②建设内容

开展农业遥感系统的高分辨率卫片(利用卫星遥感监测等技术手段制作的叠加监测信息及有关要素后形成的专题影像图片,简称卫片)数据采集,包括影像收集与处理、作物种植类型识别、外企调查,为种植物智能识别模型提供数据支撑,使所采集的基础数据与智能模型融合。

通过借助卫星遥感影像,在全灌区范围内开展主要作物的监测调查工作,最终在调查数据的帮助下,实现灌区农业产业结构的常态化监测及评价,精准摸清灌区范围内种植结构家底。

A.卫星遥感影像的收集与处理

基于灌区亚米级卫星遥感数据、米级卫星遥感数据和中分卫星遥感数据,通过对原始影像的收集、预处理、影像分析处理等工作,获得高质量的卫星遥感影像数据。影像处理主要包含正射校正、配准、去云、影像融合、镶嵌和裁切等。

B.外业调查

外业调查主要是采集灌区作物样本。外业实地调查成果数据主要用于灌区种植类型识别与结果精度验证。

C.构建数据库

基于多源遥感数据、外业调查数据、灌区训练样本数据等构建数据库,并将数据库汇聚到灌区数据前置库中。

D.种植物类型识别模型

依据高精度的卫片,实现灌区内不同时段典型作物种植面积监测,提取作物种植面积。构建种植物类型识别模型,主要针对灌区的种植结构,构建样本模型,运用作物生长期植株水分敏感波段的植被水分指数、遥感蒸散发模型、垂直干旱指数(PDI),实现对灌区地块级种植结构的监测。

E.定期模型强化

由于样本训练模型存在一定的衰减,识别精度会逐渐变差,因此,模型需要用最新的数据做定期训练。用于模型训练的服务器,会每个月定期从数据库中提取最新录入的数据,做完数据预处理和模型自动训练,然后替换旧模型,最后重启线上服务,保证模型能够持续稳定地提供植物识别服务。

(2)深度学习的实时灌溉预报模型

①总体目标

实时灌溉预报模型主要用于预报未来一个时段内灌区的农业灌溉需水量,为实时掌握灌区用水需求、开展灌溉决策和配水调度提供科学依据,也为灌区用水的精细化管理奠定基础。实时灌溉预报模型包含作物需水量预报模型、降雨量预报模型和灌水量预报模型。

通过构建灌区实时灌溉预报模型,实现灌区作物旱情预警及需水预报数字化。同时,以模型预报的需水量数据为灌区水资源动态配水优化调度提供支撑。

②建设内容

基于多源感知的实时灌溉预报模型的建设内容主要包含以下3个方面:

A. 灌区基础情况调研及相关资料收集分析

包括灌区可用水源分析及作物种植结构调研,灌区系列历史气象资料收集分析,灌区各级渠道、田间灌溉水利用系数资料,灌区渠系分布资料,灌区近3年放水资料等。

B. 灌区作物需水量预报模型构建及验证

涵盖 P-M 模型程序开发及构建,灌区 30 年 ET_0 计算,ET_{0i} 预报模型程序开发及调试,灌区作物系数 Kc 计算分析,灌区土壤水分系数 Ks 计算分析,ETci 预报模型程序开发及调试,作物需水量预报模型预报精度评价等。

C. 灌区实时灌溉预报模型构建及验证

主要包括气象预报数据抓取,田间水位监测、分析及校正,土壤墒情分析及校正,水田作物田间水层动态模型开发及调试,旱作物土壤水分动态模型开发及调试,实时灌溉预报模型集成及率定,典型田块模型预测、精度验证,灌区面上农业灌溉需水量模型预测、精度验证等。

(3)灌区渠系多目标动态配水模型

①总体目标

安地灌区由 1 条主干渠、3 条干渠和 64 条支渠(其中灌区管辖 5 条)组成,该模型通过实时灌溉预报(基于多源感知的实时灌溉预报模型)及智能灌溉决策(基于强化学习的智能灌溉决策模型),获得未来一段时期(周或旬)不同区域需要灌溉的日期和水量。之后,结合灌区的实时工情、水情等信息,开展智慧决策调度,以提高输水效率,减少渠系输水损失。要求流量输送平稳,以渠系输水过程流量变化小为目标,合理进行渠系配水,保证水源通过各级渠系"适时、适量"进入所需的灌溉区域,满足作物精准灌溉的需求。

通过构建灌区渠系动态优化配水的多目标、大系统分解协调模型,以干渠各时段流量作为协调变量,进行干支渠子系统层和总系统协调层模型协调。

②建设内容

灌区动态配水模型的建设内容主要包含以下 3 个方面:

A. 灌区可用水源调查分析

涵盖灌区 30 年降雨资料收集分析、灌区可用水源调查分析、灌区主要干支渠系调研分析、灌区来水分析。

B. 灌区渠系动态优化配水模型构建

包括灌区系统概化图、数学模型构建、模型求解等。

C. 渠系动态优化配水模型率定及验证

结合灌区实际,开展模型率定与验证,将优化配水结果与相应水平年的灌区用水量进行对比,分析模型运行结果和节水成效。

（4）基于强化学习的智能灌溉决策模型

①总体目标

基于强化学习的智能灌溉决策模型采用人工智能技术，通过机器强化学习获得经验并吸取教训，不断优化灌溉决策。通过将强化学习思想应用于灌溉决策的学习过程，利用与环境的交互过程中获得的奖赏指导灌溉决策，在环境中不断地尝试和探索，从而得到目标灌溉区域的最优灌溉决策。

②建设内容

A. 灌区长系列环境参数获取

收集灌区长系列环境参数，包括天气预报、土壤墒情、水层深度、作物生长发育时期、灌区历史灌水量及灌水日期等数据，构建灌区环境参数数据库。

B. 智能灌溉决策模型构建

具体内容包括：获取目标灌溉区域的当前环境参数；利用初始化的决策值函数，根据当前环境参数确定当前灌溉决策；根据当前灌溉决策的回馈奖励，更新初始化的决策值函数；利用更新后的决策值函数，确定目标灌溉区域在新的环境参数下的灌溉决策。

C. 模型预测精度验证

从灌区选取典型灌片，设置对比实验，验证模型节水成效、预报精度及模型的实际运行效果。

（5）灌区工程安全监测模型

①总体目标

在灌区安全监测数据的基础上建立灌区工程安全监测模型。该模型主要包含渡槽安全监测模型、渠系风险分析模型、入侵监测分析模型、视频 AI 预警分析模型。

②建设内容

A. 渡槽安全监测模型

渡槽安装监测自动化采集设备,通过无线传输传至安全监测云平台,通过模型设置渡槽安全监测预警级别、预警参数、预警方式、预警逻辑。

B. 渠系风险分析模型

根据渠系的历史水位资料,设置渠系警戒水位、预警级别、预警方式、预警逻辑等内容,构建渠系的漫堤风险分析模型以及预警模型。

C. 入侵监测分析模型

基于安地灌区的安全防范考虑,对有设置主动安全入侵预警功能的警戒摄像头构建入侵监测分析模型。入侵监测分析主要实现对预警类别、预警方式、预警广播音频内容、预警逻辑的设置。

D. 视频 AI 预警分析模型

该模型将数据传输到金华数字河湖管理平台,并读取金华数字河湖管理平台传回的视频预警信息。预警类型主要包含漂浮物和人员监测预警。

3.5.2　安地智慧灌区云应用(灌区现代化管理和服务平台)

3.5.2.1　场景分析数字大屏

随着信息化的建设发展,人机交互形式越来越多,体验也越来越丰富,数字大屏可以直观地对数据分析成果进行情景化、层次化、综合化的展示。通过数字大屏等现代化人机交互平台,为安地灌区管理及科学决策应用提供更智能的人机交互方式。

(1)顶层总览数字大屏

建设第一层大屏,汇聚零散数字大屏,从多个方面体现安地灌区的水利总体态势。顶层总览大屏为一级数字大屏,动态预警数字大屏、防汛态势数字大屏、联合调度数字大屏、运行管理数字大屏、工程安全数字大屏为二级数字大屏。一级数字大屏以数字、图表、预警提醒等多种方式展示二级数字大屏的重要信息,用户可通过顶层直接跳转想要查看的详细信息。

(2)动态预警数字大屏

对预警数据进行提取,并通过显著的标识展示灌区墒情监测站、水库超汛限、渠道监测、闸门监测、雨情预警、视频 AI 预警、渡槽安全监测、渠系超警戒等预警动态,汇聚展示灌区的预警信息。通过后台数据中心预警信息的管理和发送设置,预警信息将通过后台,直接推送到灌区管理人员的浙政钉。通过后台数据中心构建的预警—核实—反馈—处理机制,在动态预警数字大屏中实时显示预警信息的处理情况。其中,视频 AI 预警接入了金华数字河湖管理平台的视频智能分析组件的成果数据。

(3)防汛态势数字大屏

综合展示灌区和梅溪流域内的防汛态势。灌区内的防汛态势包含灌区的降雨、水位、流量、水库闸站的实时信息和值班人员情况等。梅溪流域内的防汛态势的展示接入金华数字河湖管理平台上的梅溪流域的实时降雨、水位、视频监控、水库、工程调度等信息。防汛态势数字大屏还通过综合展示灌区及梅溪流域内的防汛态势的分析结果,为灌区的防汛决策与指挥提供技术支撑。

(4)联合调度数字大屏

综合展示东干渠国湖泵站下游至八仙溪节制闸段联合调度的情况。展示信息包含调度方案、闸站启闭信息、渠系水量信息,以及灌区管理人员基于闸站的智慧联合调度系统和所处灌溉期,选择执行的调度方案和调度执行的流程与状态。联合调度数字大屏同时通过对灌区水量分配情况的综合对比分析,为灌区的水资源调度配置提供辅助支持。

（5）工程安全数字大屏

工程安全数字大屏主要是对金华市安地水库灌区"智慧灌区"（一期）中的工程管理大屏进行提升。一期的工程管理大屏只显示工程的经费变化和分布，本期工程安全数字大屏在该基础上增加工程安全监测信息。工程安全数字大屏根据水利部安全隐患排查工作要求，设置工程隐患排查监管模块，对灌区的隐患排查登记情况进行监管，从运行管理、安全鉴定、调度规程、应急预案、排查发现的安全隐患、改进措施及建议几个维度进行管理，提供灌区任务完成进度情况的查看功能以及隐患排查工作开展情况的跟踪管理功能，从宏观层面掌握工程的隐患发生及处置情况。

（6）运行管理数字大屏

运行管理数字大屏主要是对金华市安地水库灌区"智慧灌区"（一期）的视频监控数字大屏进行提升。一期的视频监控数字大屏只显示视频分布以及提供实时视频，运行管理数字大屏将在该基础上增加显示灌区的运行管理数据。运用GIS和数据统计分析组件技术，在灌区一张图的基础上，展示灌区内所有工程巡查统计信息、调度信息、运行信息等，同时对工程的总体分布、数量、控制运行合规性情况进行统计分析，多方面展示灌区的工程运行管理状况，为管理决策提供技术支撑。

3.5.2.2　业务应用

（1）灌区综合地图（含三维）

灌区综合一张图以浙江省水利一张图为底图，利用3S技术［地理信息系统（GIS）、遥感（RS）、全球定位系统（GPS）］，展示灌区范围内的水文、流域、行政区划等空间数据，水利工程专题数据，感知监测数据，从而形成包含基础地图、水利专题地图、感知监测信息的综合一张图，以数字化的形式呈现灌区的整体情况。

利用灌区综合一张图,可从时间与空间上对灌区内的水利基础设施、感知监测情况、预警情况、水资源情况进行分析,方便管理者了解灌区整体情况,有利于灌区后期的规划与管理。同时,通过数据空间叠加的方式,将已有的水利工程及相关信息与未来规划中的建设项目进行比对,形成最优选择,避免后期灌区内空间打架、各自为政的情况,利于灌区后期整体的发展与建设。

灌区综合一张图同时纳入 BIM 三维模型和倾斜摄影模型,再基于天地图三维地图,构建灌区三维地图。

①灌区综合一张图的构建

灌区综合一张图的构建主要包含以下 3 个方面:

A. 基础地理数据和水利专题数据的预处理

提取、处理、整合基础地理信息数据。根据制作底图的要求,处理好水系、地名、道路等基础要素信息。统一坐标系为CGCS2000,高程系为国家 1985 高程一期。

B. 感知监测信息的预处理

接入、展示感知监测信息数据。感知监测信息的预处理包括对水位监测站、土壤墒情站、水质监测站、流量监测站、视频监控点、渡槽安全监测点、闸门监测点等监测数据的预处理。根据综合一张图显示的内容,对信息进行统一标准命名、空间定位、空间表结构构建、编码、空间对象关系建立。统一坐标系为CGCS2000,高程系为国家 1985 高程一期。

C. GIS 提取下垫面空间要素

GIS 提取下垫面空间要素(测量整合),共享自然资源厅的地理信息系统,获取灌区地形、地貌、河流水系等图层,包括灌区电子地图、DEM 地形图,以及灌区干渠、支渠、水利工程分布等信息。

②灌区三维大场景及轻量化

在天地图三维地图的基础上,收集灌区 1∶10000 的 DEM 数据及 DOM 数据,构建灌区的三维大场景。对三维大场景的轻量化处理主要是对数据进行压缩及优化,以减小模型规模,降低内存使用量,加快显示速度。

③灌区三维模型服务的发布

轻量化三维场景,并发布三维服务模型数据,实现三维地图服务的调用。

④灌区三维地图的构建

在三维综合地图中实现三维图形渲染、空间测算、三维空间交互操作、漫游飞行等功能。针对构建的 BIM 模型的中型水闸,提供浏览功能、快速定位功能和墙体透明、部分透明、初始材质的切换功能,同时提供 BIM 模型构建属性的查询功能。三维综合地图上展示灌区水利工程信息的状态总览,并在三维场景中显示预警、运行有问题的水利工程的点位信息,同时展示集成的倾斜数据。

(2)用水计量

用水计量主要实现对灌区水位监测站、涵管流量监测站、闸站流量监测点等水位水量监测设备的管理,实现水位流量关系的算法服务及对水位流量关系的管理。

①站点管理

对灌区内的水位监测站、涵管流量监测站、闸站流量监测点等站点信息进行管理,包含对设备点位、所属渠道、设备状态等信息的管理。

②水位流量关系算法

水位流量关系算法主要是根据渠道 165 处水位流量关系模型,生成水位流量算法服务,同时实现干、支流的重要量水建筑物水位—流量关系电子化管理,根据水位自动查询流量,为计算水量提供依据。

③数据报表

利用信息化手段构建以灌溉用水统计、实时用水监控、统计查询为主要功能的用水计量模块,用水计量模块可以将用水情况以表格的形式进行分析、统计、存档、展示,能使灌区管理人员对灌区用水情况有清晰了解。

(3)灌区遥感监测

灌区遥感监测主要包含种植面积分析、实灌面积分析、农灌水量核算、统计报表。

①种植面积分析:依据高精度的卫片,实现灌区内不同时段典型作物种植面积的查询、分析、统计。

②实灌面积分析:通过时空融合的卫片,实现灌区内农田实际灌溉过程及面积的查询、统计。

③农灌水量核算:实现不同区域、不同时段农田灌溉水量的动态监测、核算、查询、分析。

④统计报表:实现对历史农灌水量核算报表的查询、统计、导出。

(4)用水决策管理

用水决策管理主要基于多源感知实时灌溉预报模型、渠系多目标动态配水模型和灌溉决策模型,是对灌区智慧模型库成果的展示。用水决策管理包含灌区可供水量分析、历年灌区用水情况、灌区需水预报、灌溉决策分析、灌区配水调度、配水调度运行监视、配水调度方案管理、需水上报、指令下达、综合报表。灌区用水管理业务概况如图 3-12 所示。

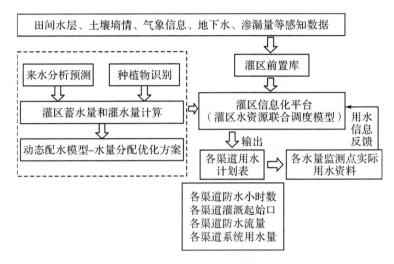

图 3-12 灌区用水管理业务概化图

①灌区可供水量分析:针对灌区的降雨量、水库的净来水量,分析灌区可供水量。

②历年灌区用水情况:就灌区历年实际灌溉需水情况提供查询、分析、统计等。

③灌区需水预报:预报未来一个时段内灌区的农业灌溉需水量,为灌区管理人员实时掌握区域用水需求、开展灌溉决策和配水调度提供科学依据。

④灌溉决策分析:为决策者提供多样化的决策信息,帮助灌区管理人员进行决策。

⑤实时配水调度方案生成:生成灌区配水调度方案,通过配水调度模型,实现灌区水资源的优化配置。

⑥配水调度运行监视:在调度运行过程中,对调度信息进行监视,当发生异行为时,进行预警。

⑦配水调度方案管理:调度任务全部完成后,在系统里进行分析评估,对调度结果进行反馈、总结、评价、归档。

⑧需水上报：灌区范围内乡镇、村、用水组织上报所辖区域的用水需求。

⑨指令下达：灌区管理单位综合需水上报和模型预报情况，下达灌区配水调度指令。

⑩综合报表：实现用水决策相关报表的查询、统计、导出。

(5)联合调度

联合调度将国湖泵站下游至八仙溪节制闸段东干渠部分建设为自动化灌区，即基于动态配水模型和灌区自动化改造，实现作物需水自动研判、调度决策自主学习、配水调度一键完成。联合调度主要基于灌区闸门远程监控系统、闸站联合调度系统和一体化闸门远程监控系统。

①需水自动研判：作物需水自动研判功能通过种植物智能识别模型和实时灌溉预报模型的联合分析，可实现灌区内作物自动判别和需水量预报，为联合调度自动化提供基础数据支持。同时，由于良好的自我更新机制，可大大减少后期作物变更引起的模型更新工作量。

②调度决策自主学习：调度自动化的核心大脑，基于优秀的多目标配水模型和自主学习机制，可随着用户使用场景的增加来实现模型的自我进化，使得决策成果越来越贴近用户习惯，平台提供自主学习后的调度决策管理和保存。

③配水调度一键完成：该功能主要基于灌区自动化改造而得以实现。基于灌区闸门远程监控系统的智慧联合调度和一体化闸门远程监控，可将调度方案及时发送至各个控制终端，实现终端设备(闸门、泵站)的实时遥控运行。

(6)防汛专题管理

①汛情警戒：对灌区范围内的水库、渠道水位站、闸站站点、雨量站进行监测，并进行预警分析，同时提供汛情警戒的简报等。

②渠系风险分析:根据渠系的实时水位与渠系高程比较,对渠道水位过高、水量较大的情况进行分等级预警。

③防汛调令管理:根据实时雨情数据库显示的雨量过大、渠道水位过高等汛情警报发布防汛调令并实现对调令的管理。

(7)工程安全监测分析系统

基于灌区安全监测系统的渗流、变形、应力等监测数据,对灌区渡槽等工程的安全状态进行实时监控预警,为管理单位提供实时的大坝安全信息,确保灌区安全运行。依据自动化安全监测数据,通过示意图等方式,将安全监测点位与工程结构结合展示,以形象的图片模、过程曲线、颜色标注等形式,为用户提供工程安全运行状态信息。

①视频预警信息:将数据传输到金华数字河湖管理平台的视频 AI 模型,并读取数字河湖管理平台传回的视频预警,主要包含漂浮物和人员监测预警。

②渡槽安全检测:渡槽安装监测自动化采集设备,通过无线传输至安全监测云平台,用户可以在任何计算机上登录查看渡槽监测数据采集与整编系统。

③工程安全诊断:能够对每个监测点的预警值进行分析并设置;超限报警后,结合电子地图显示,能够播放报警声音,以文本形式显示报警原因、报警信息、报警等级等。

以图表结合、图文并茂的表现形式,实时展示灌区工程各类安全监测数据。用户可以自定义时段,查询大坝安全监测的详细信息,对监测结果进行分析,并生成相应的报表。报表能通过测点过程线图及相关图形清晰地显示分析计算结果。

(8)公众参与

①工作动态:展示安地现代化灌区开展水利工作的最新动态信息及新闻资讯。

②通知公告:以列表形式发布安地渠道管理所日常通知公

告。后台管理人员对这些信息进行定制后，通过公告管理功能发布。

③政策法规：发布防汛、水资源管理、水利工程管理、水政执法等相关法律、行政法规、规范性文件、部门规章、政策解读等信息。

④便民下载：为公众提供相关表格、文本等文件的下载。

⑤防汛信息：依托实时水雨情数据库，通过报表等格式，发布雨量、渠道水位等实时监测信息。

⑥灌区风采：以图文结合形式展示安地现代化灌区水利风采、工作成果等，打造安地文化宣传专栏。

⑦公众参与：提供与公众交互的窗口，公众可对安地灌区管理工作进行网上咨询与投诉监督，并可通过留言对灌区管理建言献策。

(9)后台数据中心

①成果数字化管理

按照水利信息资源相关标准规范要求，对集成的海量多源异构数据进行质量评估，如水情监测、工况监测、工程基础数据及防汛指标等，利用大数据分析方法提高数据治理效率。根据数据类型及格式，定制开发数据抽取、清洗、转换、融合、加载流程，将原始分散、重复、低质量的数据，治理成为格式统一、类型统一、单位统一、编码一致、逻辑一致、数源清晰的高质量数据集。

A.感知监测设备设施资料管理

对可视化监控摄像头位置和档案资料、水位雨量设备设施位置和档案资料、水文站位置和档案资料进行数据整理和入库处理。梳理摄像头关联工程类型字段、行政区域字段、归属流域信息。

B.水利工程档案资料管理

对五年前到现在的重大项目数据，包括图像、文字、地理位置等资料进行数据整理和入库处理。

C. 办公档案资料管理

对历史水利专项资金、项目进度资料进行手工整理和处理入库。

②预警管理

包括感知超阈值预警、视频 AI 分析预警、工程安全监测分析预警等。对每个地方的异常数据进行不同方式的报警信息、历史记录的管理。

A. 感知超阈值预警

基于水利模型，通过接入水文气象测站的实时测量数据，结合灌区历史水位，制定预警指标的阈值，确定临界水位及临界雨量等预警信息，当感知设备的测量值超过设定的阈值后，则发出告警信号。

B. 视频 AI 分析预警

接入金华数字河湖管理平台的视频 AI 通用组件，通过 AI 技术提供的模型管理、模型下发、智能分析配置、抓图计划配置等，将 AI 模型下发至视频监控设备，为设备通道配置智能分析任务，使监控设备拥有针对特定对象和场景的智能分析能力。实现结合智能视觉分析、模式识别、信息传输等技术的 AI 分析预警系统能针对监视区域所发生的各类事件，如物体位移、人员异常行为以及水位、蓝藻、漂浮物、钓鱼、测流等异常状况，进行自动检测、自动报警并生成智能化解决方案。

C. 工程安全监测分析预警

安全监测分析预警能够对每个监测点的预警值进行分析并设置。超限报警后，结合电子地图显示，能够播放报警声音，以文本形式显示报警原因、报警信息、报警等级等，为工程安全监测分析系统提供预警数据。

3.5.2.3 移动看板

基于浙政钉、浙里办,开发完成满足灌区管理人员、灌区百姓需求的移动应用,主要包含移动一张图、汛情警戒看板、工程安全看板、视屏监控看板、灌区计划看板、公众反馈看板、省公共服务看板等内容。

(1)移动一张图

在手机端基于天地图简要显示安地灌区基本信息和工情信息。灌区基本信息主要包含灌区灌溉范围线、渠道信息、建设历史、渠系建筑物、渠系走向、水源分布;灌区工况信息主要包含灌区的水库、渠道、泵站、闸站、河道等要素信息。

(2)汛情警戒看板

围绕安地灌区防汛减灾移动化管理需求,结合 PC 端业务应用中的防汛专题管理,构建灌区汛情警戒看板,为灌区防汛人员提供实时降雨统计、降雨预报信息、实时渠系水位监测信息、工况监测信息、汛情预警信息推送等内容,并通过浙政钉、公众号等方式推送超警戒信息,满足灌区防汛减灾管理需要,为安地灌区防汛提供有力保障。

(3)工程安全看板

实现对灌区建设周界区域的入侵探测和防护功能。检测并确认非法入侵事件发生时,发出报警信号,并显示入侵位置,弹出相应的监控画面。

(4)视频监控看板

实现灌区范围内的视频监控信息在移动端的可查可看。

(5)灌区计划看板

在业务应用中生成的灌溉计划,可以通过浙政钉推送给灌区管理人员,同时,灌区管理人员可以查看灌区历年的灌溉计划。此外,通过灌区的微信公众号、广播,可以将最新的灌溉计划推送并广播给灌区的百姓。在灌区的节水宣传板上张贴二维码,灌区的百姓可以通过扫描二维码,查看最新的灌区灌溉计划。

(6)公众反馈看板

公众反馈看板主要通过微信公众号、小程序等形式,使灌区百姓能够反馈灌区用水需求、渠系漂浮物、汛期报灾等问题,同时为灌区百姓提供反馈灌区日常问题的窗口。

(7)省公共服务看板

接入省级公共服务模块,接入台风路径、卫星云图、天气预报、水雨情、降雨分布等省级公共服务。

3.5.2.4　与其他平台的集成对接

(1)与省、市水管理平台的对接

①平台对接

安地灌区信息化系统将积极对接省、市级现有平台和资源,根据浙江省水管理平台建设"五统一"要求,将省厅统一发布的统一门户、统一用户、统一水利地图、统一水利数据仓、统一安全作为灌区数字水利的应用支撑框架,实现与金华市水管理平台、浙江省水管理平台的互联互通。

②数据同步

安地智慧灌区云应用(灌区现代化管理和服务平台)基于灌区能力中心的数据共享交换服务,实现与省、市两级水利数据仓的基础数据共享交换。通过定义数据同步任务,定期将灌区能力中心的数据推送至市级水管理的数据平台。

③应用集成

将安地智慧灌区云应用(灌区现代化管理和服务平台)作为特色应用导入金华数字河湖管理平台的示范应用中,利用数字河湖管理平台或浙政钉提供的用户身份验证接口,实现统一用户认证后,通过链接形式接入集成,实现免登访问。如图 3-13所示,"一平台"指的是灌区现代化管理和服务平台,"一心"指的是灌区能力中心，"一系"指的是灌区感知体系。

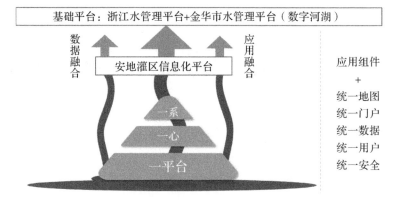

图3-13　灌区信息化系统与省水管理平台的关系概化图

（2）与金华数字河湖管理平台的关系

金华数字河湖管理平台包含八大业务应用，分别是河长制、水灾害防御、河湖库保护、水资源保障、水发展规划、水事务监督、水政务协同、示范河（梅溪流域）。安地智慧灌区云应用（灌区现代化管理和服务平台）可作为数字河湖管理平台中的子应用模块，接入示范河（梅溪流域）业务应用中。

（3）省厅协同管理模块

以灌区工程运行管理为主线，遵循"平台上移、服务下沉"的平台建设开发原则，与浙江省水利工程运行管理平台无缝衔接，实现内部数据互联互通，外部数据协同共享。平台主要功能包括水利工程运行管理、协同管理、智慧决策等。

平台建设按照灌区工程运行管理规程要求，将工程管理具体事项模块化、流程化、数字化，做到管理数据与管理事项流程对应，管理事项与岗位人员对应，确保"一数一源""有项有岗"。根据管理事项功能不同，在充分融合现有灌区标准化管理监督与服务平台等有效模块的基础上，将平台划分为基础管理、安全管理、控制管理、维养管理和应急管理等五大功能模块,涵盖灌区工程运行管理 22 个主要工作事项,包括责任落实、巡查监测、维修养护、安全鉴定、降等报废、应急预案、安全分析与评价、调度规程、控运计划、调度与运行、功能调整、效益分析、注册登记、机构人员经费、数字工程、监督管理、专项督查、管理考核、政策发布、三化改革、专项方案管理、在线服务等。

(4)与其他部门的业务协同事项清单及数据共享清单

根据数字化改革的"V"字模型,以"形成数据共享清单—完成数据服务对接—实现业务指标协同—完成业务事项集成—完成业务单元集成—完成业务模块集成—形成业务系统"为路径,梳理与其他部门的数据共享清单,如表 3-1 所示。同时,为推动跨业务流程再造、跨部门业务协同、跨行业数据共享,实现跨部门多业务协同应用,根据数字化改革的要求,梳理业务协同事项清单,如表 3-2 所示。

表 3-1　安地灌区用水管控和职能调度协同联动数据共享清单

部门	数据项目录	数据来源
大数据局	数据统筹协调	一体化智能化公共数据平台
水利局	预警指标(1h、3h、6h 准备转移及立即转移两级指标)	省山洪平台
	实时雨量水位信息	省水文中心
	水库信息(名称、地理坐标、属性数据、库容曲线)	省工程运管平台
	山塘信息(名称、地理坐标、属性数据、库容曲线)	
气象部门	气象预报数据(未来 1h、3h、6h、24h 网格预报数据)	省气象局
	实时更新的暴雨预警	省级 12379 预警平台

部门	数据项目录	数据来源
农业部门	灌区农作物类型	统计上报
	灌区农作物面积	

表 3-2　安地灌区用水管控和职能调度业务协同事项清单

部门	协同事项
大数据局	共享各部门已经汇集的数据项,协调各部门未归集的数据
各区防指	共享预警指标、水库信息、山塘信息、实时雨量水位信息和各类检查的隐患信息跟踪处置情况
气象部门	协同推送气象预报数据,实时更新暴雨预警
乡镇	协同提供村落名称、地理坐标、种植户信息
灌区	协同提供农作物种植情况信息、需水量反馈等数据

第 4 章

金华安地灌区的数字化建设

4.1 安地灌区数字化概论

安地灌区续建配套与节水改造项目(2021—2022 年)信息化系统以浙江省数据改革"四横四纵两端"总体框架为依据,以"节水优先、空间均衡、系统治理、两手发力"和新时代治水方针及国家乡村振兴战略方针为指导,遵循"水利工程补短板、水利行业强监管"和工程管理"数字化改革"的工作思路,围绕"智慧灌区"这一建设目标,构建安地灌区的信息化系统。同时,安地灌区续建配套与节水改造项目(2021—2022 年)信息化系统列入浙江省水利数字化改革第一批试点项目。试点项目的场景应用为"灌区用水管控和智能调度",信息化系统的建设内容应该与场景应用统筹规划、协同推进,系统建设做到从灌区用水精准预报、用水决策、智能调度等管理需求出发,解决安地灌区的需水、供水、配水、节水问题。

在历年改造的基础上,本次信息化系统建设内容主要包含感知体系的建设、能力中心的建设、安地智慧灌区云应用(灌区现代化管理和服务平台)的建设。项目具体建设包括以下内容。

4.1.1 健全灌区感知体系

在已有建设基础上进一步提升和健全灌区物联网感知体系,通过使用视频 AI 识别、卫星遥感影像、广播联动预警等新技术,提高感知监测智能化水平,形成种类齐全、覆盖完整的感知监测体系。包括实现对水库的水位和流量等水情全覆盖检测、完善安地水库灌区重点区域位置全面监视、地表水水质和土壤墒变情况实时快速监测、渡槽指标观测、入侵检测、种植结构动态监测。

4.1.2　打造灌区能力中心

建设具有高时效性和高质量保障的灌区前置数据库,构建灌区综合场景地图,打造包含多种应用模型在内的灌溉模型库。

(1)灌区前置库

灌区前置库包括数据汇聚、数据清洗、数据存储、数据服务等内容,形成感知数据、结构化数据、多媒体数据、地理信息数据、三维数据等多种类数据统一集聚,实现"一数一源"的管理,为安地智慧灌区云应用(灌区现代化管理和服务平台)提供数据服务。同时,通过对灌区前置数据库数据的深入分析和深度挖掘,辅助能力中心的模型库进行强化学习。

(2)灌区三维地图

在浙江省水利一张图的基础上,细化灌区的水利专题业务信息,并对汇聚的感知信息进行综合展示。同时,针对不同的业务应用,构建不同的业务场景地图,并在二维综合地图以及浙江省三维天地图的基础上,加载并展现三维 BIM 模型和倾斜摄影的数据,实现灌区三维地图的初步构建。

(3)模型库

模型库包含深度学习的多源感知实时灌溉预报模型、灌区渠系多目标动态配水模型、基于强化学习的智能灌溉决策模型、灌区工程安全监测模型、灌区种植物智能识别模型等,通过模型的强化学习,加以数据分析中心对海量数据的学习和挖掘,系统性地解决现代化灌区的供、配、控、管等问题。

4.1.3　升级安地智慧灌区云应用(灌区现代化管理和服务平台)

安地智慧灌区云应用主要构建场景分析数字大屏、业务应用等。场景分析数字大屏涵盖灌区动态预警数字大屏、防汛态势数字大屏、联合调度数字大屏、工程安全数字大屏、运行管理数字大屏。灌区的业务应用主要包含实时监测、灌区综合地图、用水计量、灌区遥感监测、用水决策管理、联合调度、防汛专题管理、工程安全监测分析、公众参与、后台数据中心、灌溉试验田数字化控制系统。

4.2 安地灌区的物联网感知体系升级

加强信息化基础设施建设，形成完善的天空地水一体化感知控制体系，在已有基础上进一步提升感知系统。

感知系统包含水情、工况、视频、种植物种类及面积、墒情等，利用智能遥感识别、视频 AI 等新技术，提高感知智能化水平，形成种类齐全、覆盖完整的智慧化感知体系。自动化控制系统覆盖灌区主要控制性工程，形成闸泵一体化自动化控制体系。进一步提升信息化环境建设，加强信息网络展示和社会服务设施建设，形成完善的惠民服务环境体系。

4.2.1 水情感知系统

水情感知系统包括水位监测和流量监测。实时水位和流量数据是灌区调度运行的主要依据。水情感知将覆盖灌区主要取水口、主干渠道断面、灌区内作为灌溉水源的水库山塘。

4.2.1.1 水位监测站

(1)建设方案

目前已建设 25 处水位监测站。经初步评估，结合灌区周边水利工程，为完善灌区动态需水模型建设和水资源优化调度，在渠道重要节点增加 12 处水位监测站。同时根据兴利需求，在开始供水时应蓄到的水位，灌区周边涉及的 3 处小(二)型水库和总库容≥5 万 m³ 的 9 处山塘也需建设水位监测站，以此得知兴利库容，满足灌溉需求。

本方案再新增 24 处水位监测站,共同为"智慧灌区"建设提供一手翔实数据,具体布置如表 4-1、表 4-2、表 4-3 所示。

表 4-1　灌区新建水位监测站布置表

序号	所在渠道	具体位置	数量/个
1	东干渠	山后垅排水闸上游	1
2	东干渠	东干渠中间段(铜山支渠取水口)	1
3	东干渠	武义江排水闸上游	1
4	东干渠	岭下工业区涵管上游	1
5	西干渠	西干渠渠尾	1
6	汪家垅支渠	梓溪排水闸上游	1
7	汪家垅支渠	汪家垅支渠渠尾	1
8	多湖支渠	杨川倒虹吸入水口	1
9	金长垅支渠	金长垅支渠渠尾	1
10	苏孟支渠	苏孟支渠渠尾	1
11	铜山支渠	铜山支渠渠尾	1
12	国湖水泵站前池	泵机引水管道前端	1
总计			12

表 4-2　小型水库水位监视站布置表

水库名称		集雨面积/km²	正常库容/万 m³	灌溉面积/万亩	建设数量/个
小(二)型	堪善塘	8.00	20.0	0.150	1
	百合塘	0.74	17.3	0.020	1
	郡塘	1.50	36.0	0.105	1
总计		10.24	73.3	0.275	3

表 4-3　山塘水位监测站布置表

序号	山塘名称	总库容/万 m³	数量/个
1	果塘	8.3	1
2	祝塘	7.3	1
3	大塘	5	1
4	金黄塘	6.7	1
5	上湾塘	7	1
6	新塘	5	1
7	青水塘	5	1
8	丘大塘	5	1
9	洋阜塘	5	1
总计		54.3	9

（2）系统组成

水位监测系统主要设备采用雷达水位计、终端机，利用 GPRS 通信网络将水情数据传输到调度中心。智能水位量水系统站由水位计、太阳能供电系统、数据采集终端、通信网络及中心站等组成。智能水位量水系统结构如图 4-1 所示。

图 4-1　智能水位量水系统结构图

①水位监测

水位监测采用雷达水位计。雷达水位计是非接触式水位计,采用雷达脉冲技术对液位进行测量,在测量时不受温度梯度、水中污染物以及沉淀物的影响,因而可以获取精确的测量结果。

雷达水位计采用节能雷达脉冲技术测量液位,前夹板中有发射和接收两个平滑天线,每次测量时发射天线发射雷达脉冲信号到水面,脉冲信号经水面反射后被接收天线检测到。从发射到接收再到水面反射回来的脉冲信号的时间(延迟时间)取决于雷达水位计与水面的距离。雷达水位计就是利用延迟时间跟到水面距离之间的线性关系来实现液位（距离值）的测量。

②供电系统

供电系统采用清洁、可长期利用的太阳能供电系统。太阳能供电系统由太阳能电池板、充放电控制器及蓄电池组成。

A. 太阳能电池板

太阳能电池板的作用是将太阳辐射能量直接转换成直流电，供负载使用或贮存于蓄电池内备用，它是太阳能发电系统中最重要的部件之一，其转换率和使用寿命是决定太阳能电池板是否具有使用价值的重要因素。

B. 充放电控制器

在整个太阳能发电系统中，充放电控制器起着重要的作用，扮演着系统管理和组织核心的角色。太阳能充放电控制器能够为蓄电池提供最佳的充电电流和电压，快速、平稳、高效地为蓄电池充电，并在充电过程中减少损耗，尽量延长电池的使用寿命，同时保护蓄电池，避免过充电和过放电现象的发生。

C. 蓄电池

蓄电组将太阳能电池输出的直流电贮存起来，供负载使用。在太阳能发电系统中，蓄电池处于浮充电状态。白天太阳能电池给负载供电，同时还为蓄电池充电，晚上或阴雨天负载用电全部由蓄电池供给。

③数据采集终端

数据采集终端（RTU）是采用单片微机技术设计的新型数据采集传送设备，也是连接前端传感器和后端水情测报的数据通道，具备参数的采集、存储、发送和数据召测，支持现场或远程设置功能；具备各种通信方式混合组网路由能力，支持本地下载；具有非易失存储器；工作体制支持自报、应答、自报应答兼容。

④通信网络

水情通信方式选择应用广泛的无线通信。水情通信终端通过 GPRS/CDMA 无线通信网络使监测站与云平台相连接,进行数据传输。GPRS/CDMA 网络具有覆盖范围广、数据传输速度快、通信质量高、永远在线和按流量计费等优点,支持TCP/IP协议,可直接与网络互通。GPRS/CDMA 数据传输业务应用范围广泛,在无线上网、环境监测、交通监控、移动办公等行业中具有较高的性价比优势。

4.2.1.2　流量监测站

(1)建设方案

目前已建 22 处流量监测点。为精准且全面掌握灌区水量数据,需对灌区取用水流量进行监测,结合已建监测点,对干支渠和主要取水涵管监测实现全覆盖。本次建设对放水流量较大的 51 个涵管(≥DN300mm 的涵管)采用自动监测方法进行流量监测。具体站点布置如表 4-4 所示。

表 4-4　流量监测站点位布置表

序号	所在渠道	桩号	尺寸/mm	数量/个
1	主干渠	2+685	DN500(左)	1
2	主干渠	2+760	DN300(左)	1
3	东干渠	2+190	DN300(右)	1
4	东干渠	3+380	DN300(右)	1
5	东干渠	3+470	DN300(左)	1
6	东干渠	4+670	DN300(左)	1
7	东干渠	5+150	DN300(左)	1
8	东干渠	5+175	DN300(右)	1
9	东干渠	6+000	DN300(左)	1

序号	所在渠道	桩号	尺寸/mm	数量/个
10	东干渠	6+400	DN300（左）	1
11	东干渠	7+470	DN300（左）	1
12	东干渠	7+740	DN300（左）	1
13	东干渠	8+225	DN300（左）	1
14	东干渠	13+650	DN300（左）	1
15	东干渠	13+660	DN300（左）	1
16	东干渠	14+590	DN300（左）	1
17	东干渠	14+900	DN300（左）	1
18	东干渠	15+400	DN300（左）	1
19	东干渠	15+810	DN300（左）	1
20	东干渠	17+290	DN300（右）	1
21	东干渠	17+720	DN300（左）	1
22	西干渠	2+530	DN400（右）	1
23	西干渠	4+120	DN300（右）	1
24	西干渠	4+880	DN300（右）	1
25	西干渠	4+940	DN300（右）	1
26	西干渠	4+960	DN300（右）	1
27	西干渠	5+600	DN300（右）	1
28	西干渠	1+550	DN300（右）	1
29	中干渠	3+080	DN300（右）	1
30	中干渠	3+230	DN300（右）	1
31	多湖支渠	1+300	DN300（左）	1
32	多湖支渠	2+820	DN300（左）	1

序号	所在渠道	桩号	尺寸/mm	数量/个
33	多湖支渠	4+820	DN300（右）	1
34	多湖支渠	4+940	DN300（右）	1
35	金长垅支渠	1+065	DN500	1
36	汪家垅支渠	4+400	DN300	1
37	苏孟支渠	1+985	DN300（左）	1
38	苏孟支渠	2+050	DN300（右）	1
39	苏孟支渠	2+150	DN300（右）	1
40	苏孟支渠	2+200	DN300（左 2 个）	2
41	苏孟支渠	2+250	DN300（右）	1
42	苏孟支渠	2+380	DN300（右）	1
43	苏孟支渠	2+640	300×400（左）	1
44	苏孟支渠	2+660	DN300（右）	1
45	苏孟支渠	2+870	DN300（右）	1
46	苏孟支渠	3+330	DN300（右）	1
47	苏孟支渠	3+490	DN300（左）	1
48	苏孟支渠	3+520	DN300（左）	1
49	苏孟支渠	3+750	DN300（左）	1
50	苏孟支渠	4+010	DN500（左）	1
总计				51

（2）建设方案

涵管流量自动监测采用两种方法：断面量水法、仪表量水法。需进行自动监测的涵管共 47 个，选取 21 处使用断面量水法，26 处使用仪表量水法。由于现场环境无法拉取市电，本方案采用太阳能供电。

①断面量水法

在适用于使用水位－流量关系法的断面采用断面量水法。断面量水法不需要对原有涵管进行改造,在涵管出水口下游浇筑长 10m 的明渠,安装超声波水位计采集水位,通过流量标定进行水位流量关系计算。

②仪表量水法

仪表量水法采用智能水表进行量水计量,需要对原有涵管进行改造,采用 PE 管替代原有的水泥涵管,并且与智能水表进行垫圈对接,同时要修建一个水表检修井,方便后期维护。通过仪表量水法在水表显示屏上查看瞬时流量和累计流量。

4.2.2 图像监视系统

(1)建设方案

目前安地水库灌区已建设 43 处视频监视点,监控区域相对完善。本方案拟在灌区重要断面、调度中心、生态节点以及重要村落附近等位置按实际需求再补充 24 处视频监视点,通过通信网络接入智慧调度中心进行统一调度与管理,具体站点布置如表 4-5 所示。

表 4-5 渠道重要位置视频监视站布置表

序号	所在渠道	具体位置	数量/个
1	东干渠	南干隧洞洞口	1
2	中干渠	花楼基隧洞洞口	1
3	西干渠	塔石塘排水闸上游	1
4	汪家垅支渠	梓溪排水闸上游	1
5	汪家垅支渠	宜山倒虹吸入水口	1
6	东干渠	国湖泵站	1

续表

序号	所在渠道	具体位置	数量/个
7	调度中心	新建调度中心入口	1
8	调度中心	新建调度中心室内	1
9	主干渠	蒋里	1
10	主干渠	大溪口	1
11	主干渠	横店	1
12	主干渠	下傅	1
13	西干渠	温州铺	1
14	西干渠	黄桑园	1
15	西干渠	汤店	1
16	西干渠	塘角头	1
17	西干渠	定业家园	1
18	西干渠	朱店	1
19	中干渠	黄塘后	1
20	中干渠	竹店	1
21	中干渠	吴畈	1
22	东干渠	沙塘	1
23	东干渠	大山下	1
24	东干渠	井头塘	1
总计			24

新建监控系统以监控中心为中心点,通过光纤网络,将现场画面传输至系统视频录像机内,授权客户端利用监控中心网络,实现对现场摄像头的配置、操控、实时画面的访问、历史视频的调阅下载。同时,视频监视系统利用监控中心接入的网络将视

频信号传入控制中心视频监控平台,以满足管理需要的方式进行建设。

(2)系统组成

本工程需要一套先进的、防范能力较强的综合性集成防范系统,可以通过远程摄像机及其辅助设备(镜头)直接观看需要监视的场所现场情况,可以将被监控场所的图像内容同时传输至监控中心,使被监控场所一目了然。

系统采用智能监控整体解决方案,包括网络高清摄像机、网络传输设备、云存储(运营商)、配置良好的人机交互界面,构成了以计算机为核心的数字式监视报警系统。

摄像机像素为 400 万高清红外球机,码流为 4M,存储周期为 30 天。智能 IP 视频监控系统是基于 TCP/IP 网络的信息传输和管理系统。系统以网络集中管理为理念,采用 C/S 架构,运用先进的 H.265 视频编解码技术,以专业的网络为传输手段,可以实现视频编解码设备和用户的集中管理,完成视频的信息采集、网络传输和存储。

①视频采集

视频采集采用 200 万网络红外球形摄像机实现,图像分辨率为 1920×1080,摄像机基于网络的传输方式,传输带宽为 4M,支持红外功能,支持 H.265 编码功能,支持 3D 数字降噪,具备 IP66 防水防尘级别,能更好地适应现场恶劣的监控环境。

②视频存储

存储设备根据需要以集中的方式进行存储,前端视频传输至运营商"云中心"进行存储,由统一管理平台下的存储管理服务器进行统一管理,实现录像回放、录像下载、图像预览功能。

③视频显示

视频显示采用客户端或接入其他平台进行显示。可实现多画面显示、多路视频回放、实时预览等功能。

④管理平台

管理平台包括专业的云管理服务器、云存储设备、客户端。

云管理服务器用于集中认证、注册、配置、控制、报警转发控制等,可以实现完善的视频编解码设备网络管理功能。

云存储设备实现对重要视频录像的备份存储。

客户端可以提供友好方便的人工界面功能,包括监控对象的实时监视监听、查询、云台控制、接警处理,方便用户操作。

⑤传输网络

分水闸、涵洞处前端摄像机通过网线方式均接入运营商 VPN 网络,采用开放式 TCP/IP 协议的承载网,实现视频信号和控制信号传输。视频传输网络结构如图 4-2 所示。

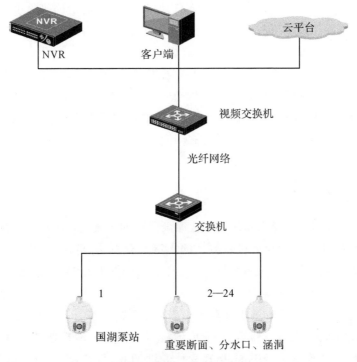

图 4-2 视频传输网络结构图

4.2.3 水质监测系统

水质自动监测系统是利用现代高科技手段,能够快速监测地表水水质变化情况,及时发现突发环境污染事件,为环境质量评价和环境污染控制提供决策支持的系统。

(1)建设方案

依据《地表水环境质量标准》(GB3838-2002)的要求,在灌区取水口处建设一套灌区水质感知系统,选取 pH、温度、溶氧、电导率、浊度作为监测指标,建立灌区水环境评价体系的基础数据采集系统。

(2)系统结构

分布于各测点的监测站全自动运行,对现场水质进行实时监测并记录水质的变化。通过专用的通信系统,将监测数据上传至云服务器,从而实现远程监控功能。

数据采集传输单元通过数字通道或模拟通道采集在线监测仪器的监测数据、状态信息,然后通过传输 GPRS/CDMA/ADSL 网络将数据、状态传输到控制中心,同时控制中心通过传输网络发送控制命令,数据采集传输单元根据命令控制在线监测仪器工作。

4.2.4 土壤墒情感知系统

土壤墒情感知系统对农业灌溉区域的土壤进行相对含水量监测,能真实地反映被监测区的土壤水分变化,可及时、准确地提供各监测点的土壤墒情,为减灾抗旱提供重要的基础信息。

(1)建设方案

根据《全国土壤墒情监测工作方案》要求,本方案以乡、镇为基本单元,根据气候类型、地形地貌、作物布局、灌排条件、土壤类型、生产水平等因素,选择有代表性的农田,共设立 4 个农田土壤监测点。鉴于现有资料和灌区实际种植面积,点位布置如表 4-6 所示。

表 4-6　土壤墒情监测站布置表

序号	具体位置	数量/个
1	苏孟乡	1
2	雅畈镇	1
3	江东镇	1
4	岭下镇	1
总计		4

(2)系统结构

土壤墒情监测主要设备采用土壤水分传感器、终端机,利用 GPRS 通信网络将土壤墒情数据传输到调度中心。土壤墒情监测站由土壤水分传感器、太阳能供电系统、数据采集终端、通信网络及中心站等组成。

土壤墒情监测采用多路土壤水分传感器,并将传感器布置在不同的深度,实现监测点的剖面土壤墒情检测。土壤水分传感器采用 FDR 频域反射原理。利用电磁脉冲原理,根据电磁波在介质中传播频率来测量土壤的表观介电常数,从而得到土壤相对含水量。FDR 具有简便安全、快速准确、定点连续、自动化、宽量程、少标定等优点。土壤含水量一般是指土壤绝对含水量,即 100g 烘干土中含有若干克水分。土壤水分传感器实时监测土壤水分,各监测点可灵活进行单路测量或多路剖面测量。土壤水分超过预先设定的限值时,立刻上报告警信息。

4.2.5　安全监测系统

4.2.5.1　渡槽安全监测系统

根据《水利水电工程安全监测设计规范》(SL725-2016)、《水工设计手册》(第2版)的有关规定及渡槽现状,工程安全监测主要对安地水库灌区渠系重要及关键性渡槽水平位移、垂直位移、挠度及倾斜、接缝开合度、结构应力应变等指标进行观测,并将观测数据传输至调度中心,实时反映渡槽的各类安全状态。主要布设在国湖1♯渡槽、国湖2♯渡槽、国湖3♯渡槽,共计3套工程安全监测系统。具体安全监测点位如表4-7所示。

表4-7　灌区渡槽安全监测点位布设统计表

序号	渡槽名称	所在渠道	桩号	长度 /m	设计流量 (m³/s)
1	国湖1♯渡槽	东干渠	K12+422—K12+517	95	5.9
2	国湖2♯渡槽	东干渠	K12+725—K12+775	50	5.9
3	国湖3♯渡槽	东干渠	K12+836—K12+889	53	5.9

每个渡槽选择3—5个代表监测渡槽段,布设以下观测设施:

(1)在监测渡槽段两端排架基础上布置水平位移测点与垂直位移测点,并在附近山体处设置工作基点和水准基点,以监测排架基础(渡槽墩)的表面变形情况。

(2)在监测渡槽段的1/4跨、跨中、跨端布置倾角计,以监测渡槽身挠度变形情况;排架布置倾角计,以监测排架倾斜变形情况。

(3)在监测渡槽段两端的渡槽身接缝处设置双向测缝计,以监测跨与跨之间接缝的开合以及错动变形情况。

(4)在监测渡槽段的渡槽身底部1/4跨、跨中、跨端布置表面应变计,排架结构布置应变计,以监测渡槽身及排架结构应力应变。

(5)在渡槽布设渡槽体水位计,用于沿程水位监测。

上述监测设施,除了表面变形测点采用人工定期观测,其余监测仪器如倾角计、测缝计、表面应变计、钢板应力计、钢筋应力计、渗压计、水位计均接入自动化采集系统,实现自动化监测。

每个渡槽安装一套监测自动化采集设备,通过 GPRS 无线传输装置传至安全监测云平台,用户可以在任何地点、任何计算机上通过浏览器登录,直接查看渡槽监测数据采集与整编系统,实现渡槽安全监测信息远程管理。

4.2.5.2　入侵报警系统

(1)建设方案

基于安地水库灌区安全防范考虑,在合适点位拟建设一套入侵监测报告系统。该系统作为主动侦测的预警系统,常态下,无须看护,当布防位置有入侵行为时,通过报警主机显示屏或管理平台软件,能够准确快速得知入侵位置,同时,报警联动模块输出报警信号给视频监控系统的主机,在监控显示大屏上显示报警点的视频画面,有利于了解和甄别报警的现场情况,并实施相应的安保措施。如果入侵行为属实,报警系统发出警号,震慑入侵行为;如果入侵行为没有终止,入侵者还需要通过电子围栏才能进入。电子围栏的高压阻挡性能够为安保机制提供更多时间来执行安保措施。

(2)系统结构

入侵监测报警系统主要包含无线防盗报警主机、报警联动模块、报警平台管理软件、视频监控主机(带报警输入)、电子围栏主机和控制键盘。

入侵监测系统的前端设备太阳能无线红外对射与高压电网的电子围栏融合,有效提高了入侵渡槽监测灵敏度和入侵阻挡性能。以前,这两个产品之间互为对立,之后通过整合实现了功能的互补,形成一套更为安全可靠的防御系统。再加上视频监控系统的联动,能有效鉴别报警现场情况,提高整体可用性和实用性,使得周界安全防范真正实现。

4.2.6 种植物遥感系统——高分辨率卫片

种植物遥感应用主要以高分遥感影像为数据源,采用人工和深度学习两种方法实现高精度农业地块识别;利用时空协同定量化遥感反演技术,实现种植结构动态监测。在全灌区范围内开展水稻、毛芋、茭白、柑橘、葡萄、草莓、花卉苗木等主要作物的监测调查工作,帮助实现农业产业结构的常态化监测及评价,是帮助精准摸清全灌区范围内种植结构家底的可行途径。

(1)系统内容

①多源多时相的遥感数据是大范围监测的基础

灌区总面积28.5万亩,设计灌溉面积12.85万亩,实际灌溉面积10.6万亩。传统的农业普查手段不利于大面积和高效率的监测,不能满足数据实时更新和多用途的观测,因此需要借助遥感手段。多源多时相的遥感数据可以提供农作物种植面积、长势、土壤、光照等信息,结合不同的模型和反演手段实现作物估产、农业保险、资源配置等方面的应用。

②精准的农业地块数据有助于摸清耕地资源

我国存在人多地少的资源限制。随着农村城市化与工业化进程的推进,耕地资源正面临遭受挤占、退化、污染、抛荒等忧患。落实严格的耕地保护制度,守住耕地红线是亟待解决的问题。传统的耕地调查采用人工调查的方式,工作量大、周期长,以大块农田区为调查单位,对于细小耕地的调查不足,难以实现耕地数据与农户信息的对应,并且调查成果具有明显的滞后性。因此,需要以一体化、全覆盖、持续更新的高分辨率遥感大数据为基准底图,结合区域统计规划数据,精确识别并提取地块形态边界,发现并核实规划与实地状况的差异。精准的农业地块数据有助于摸清现有农业资源的总量及分布,地块数据的定期更新帮助实现农业地块数据的高效化、智能化、精准化管理,为耕地保护提供基础的数据保障。

③种植分布数据,支撑价值精算

作物种植分布反映了农业生产资源的情况,是分析粮食区域平衡,预测农业资源综合生产能力与人口承载力的重要数据。目前的监测方式以点监测为主,但以点代面的监测方式难以满足现阶段对大范围多类型作物的监测要求。

"图谱"协同遥感时序分类技术提取的种植分布数据,能帮助精准测算农作物种植面积,监测种植类型变化,实现农作物补贴与价值精算。

(2)具体方案

①遥感影像数据处理

云、雾是困扰光学卫星影像生成的主要因素,导致大量数据无法用于生成,严重降低数据利用率。通常情况下,云量遮挡高于 20% 的影像被认为是"垃圾影像",需要利用规定时相内不同时间的卫星影像资料,采用先进的云及云影检测算法,实现多源遥感影像数据的有效组合,形成特定区域全覆盖的高质量遥感影像数据。

②农业地块提取

地块是由自然因素或人为因素等分割形成的,有明显边界且内部特性和区位条件相对均匀的土地区域,是评定和划分土地级别的基本空间单位,其在土地利用动态监测、土地覆盖、精准农业和生态规划等领域都有着非常重要的意义。

构建遥感影像农业地块识别的分布式深度学习模型,从海量数据中自动学习农业地块的边缘,通过迭代优化获取精准的农业地块数据。该方法能够克服人工目视解译数据效率低、主观性强、成本高的缺点,在保证生产精度的前提下,可将地块生产效率提高数十倍。

③地块级种植结构监测

农作物的生长都有其各自的规律,并且同一种作物在同一地区具有相对稳定的生长发育规律,根据不同作物在发育过程中时间和生物量上存在一定差异性,结合物候信息,可以利用时间序列遥感影像对不同的作物进行分类识别。以农业地块为基本单元,结合"图谱"协同的遥感影像时序分类技术,在地块尺度上开展作物种植类型及其变化情况的有效判别。地块级种植结构如图 4-3 所示。

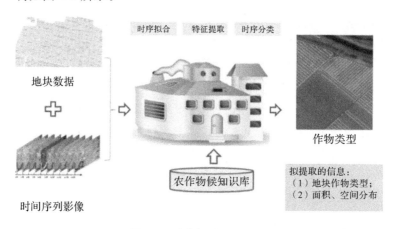

图 4-3　地块级种植结构图

4.3　安地灌区能力中心

能力中心是安地智慧灌区的中心,包含灌区前置库、灌区三维模型、灌区模型库等内容。构建数据资源体系,解决灌区数据怎么来、怎么存、怎么用、怎么更新的问题;灌区综合地图对应不

同的应用场景,提供灌区不同的综合地图;灌区模型库解决灌区
的预报、水资源配置及调度问题。通过能力中心的构建,提高灌
区数据质量,摸清灌区的数据家底,解决灌区供、配、控、管等问
题。安地灌区能力中心建设内容如图 4-4 所示。

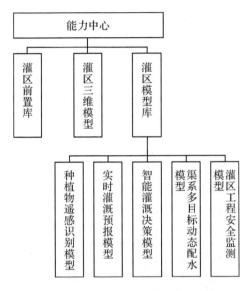

图 4-4　安地灌区能力中心建设内容

4.3.1　灌区数据体系

4.3.1.1　数据汇聚方案

根据《浙江省水利工程数据管理办法(试行)》要求,省水利
厅信息化管理部门负责迭代建设水利数据治理工具,在现有统
一数据管理等模块基础上,优化数据编目、数据共享等模块,拓
展建设统一编码、数据归集、数据清洗、数据评价、数据安全等模
块,全过程支撑省、市、县三级数据治理,其中,数据归集提供归
集配置、任务调度、运行监控等功能。灌区将依托省级部门提供

的水利数据归集模块,按照水利数据归集技术指南,以水利数据资源目录为基础,按需归集相应的水利行业数据。

数据汇聚是通过把各种异构网络、异构数据源的数据采集到灌区的应用数据库和感知前置库中进行集中存储,为后续的加工数据开发、数据治理等做准备。

(1)数据资源接入分析

数据来自业务系统、日志、文件、网络等。这些数据分散在不同的网络环境和存储平台中,难以利用,很难产生业务价值。因此,需要针对已经细化完成的数据资源目录,在明确数据来源的基础上,明确分析数据资源的接入方式,为数据的汇聚提供有利的基础支撑。

针对安地灌区实际业务需求,各类数据资源的接入主要包括:

①从省水利数据仓读入江河湖泊、水利工程、其他管理对象的数据以及实时水雨情数据;

②从当前灌区信息化系统读入监测站点等数据;

③从实时监控设备读取实时监测数据;

④与气象局、水文部门等单位共享交换信息;

⑤从人工填报系统读取信息;

⑥从已整理完成的工程运行管理文档中读取信息等。

(2)数据归集和初始化

采用数据库同步、人工录入、离线导入、ETL、网络爬虫、抽取等方式,将数据归集、初始化至新建的灌区应用数据库和感知前置库。按归集的时效性来分,有静态批量汇聚和实时采集归集。水利行业的数据大多是静态数据,需要先存储到关系型数据库/数据仓库后,再进行各种查询和分析。除静态数据以外,还有很多数据对实时性要求非常高,如实时水雨情数据、闸站数据、视频监控数据、土壤墒情数据等。

(3)数据汇聚的主要步骤

数据汇聚主要通过在数据仓使用前置库和 ETL 工具,完成任务调度和汇集。数据汇聚的主要步骤如下:

①准备数据。明确数据归集需求并制定数据格式标准(符合水利数据仓规范)。生产系统生成归集数据。

②目录关联。确定待归集数据的标准、元数据信息、归集方式、归集要求,完成数据责任清单与资源目录的关联。

③应用数据库和感知数据前置库建表。完成应用数据库和感知数据前置库中相应库表的建设。

④数据入库。准备好符合应用数据库和感知数据前置库库表要求的数据,将数据同步导入应用数据库和感知数据前置库,并保证归集数据的实时性、完整性、准确性,及时反馈处理问题数据。

⑤归集数据。将数据同步至应用数据库和感知数据前置库,由交换平台完成相关库表的归集交换。

4.3.1.2　数据治理方案

数据治理是基于数据生命周期,进行数据全面质量管理、资产管理、风险管理等统筹与协调管控的过程。数据治理需要解决数据权属关系问题,明确数据利益相关方的角色,明确其权益、责任关系和工作任务,避免数据风险,提高数据质量,确保数据资产能长期、有序、可持续地得到管理和利用。在信息技术视角下,数据治理指对数据进行管控、处置、格式化和规范化的过程。总的来说,数据治理是数据和数据系统管理的基本要素。数据治理涉及数据全生命期管理,无论数据处于静态、动态还是未完成状态,都需要进行治理。

按照水利信息资源相关标准规范要求,定制开发数据抽取、清洗、转换、融合、加载流程,将原始分散、重复、低质量的数据,治理成为格式统一、类型统一、单位统一、编码一致、逻辑一致、数源清晰的高质量数据集。依托省级部门提供的水利数据清洗模块，对归集至应用数据库和感知数据前置库的数据开展自动清洗，筛选出问题数据，并反馈至数据责任部门整改。修正后的数据需重新归集，确保入仓数据真实准确。数据治理主要包含数据清洗和数据可视化的管理两部分内容。

(1)数据清洗

数据清洗是为了发现并纠正数据中可识别的错误，是对数据进行重新审查和校验的过程，目的在于删除重复信息、纠正存在的错误，并保证数据一致性。数据清洗包括检查数据是否存在冲突、处理无效值和缺失值等，如工程名称在多个表中不一致、行政区划缺失、日期无效等问题。

数据清洗是整个数据开发过程中不可缺少的环节，其结果质量直接关系到最终的数据分析结论，在整个系统中占据重要位置。数据清洗主要是建立一个数据清洗机制，对同步和汇聚到的数据进行实时分析和过滤，将异常数据保存在异常数据库中，将合规数据纳入数据仓。根据业务需求实际，设计完善数据清洗规则，并设计建设规则数据库，保证数据的完整性和正确性。

①规则配置

依据相关数据质量要求，结合灌区实际数据情况，制定数据清洗治理规则。主要可从姓名类字段、名称类字段、时间类字段、长度固定类字段、业务逻辑规范类字段等方面制定详细清洗规则。

②数据清洗

过滤不符合数据整合标准要求的数据，将过滤的结果交给提供数据的职能部门，确认是过滤还是由职能部门修正之后再进行抽取。不符合数据整合标准要求的数据主要有不完整数据、错误数据以及重复数据等三大类。

A. 不完整数据。这一类数据产生的主要原因是缺失一些应有信息。对于不完整数据要将其过滤出来,按缺失的内容分别记入异常数据库,再按照相应的流程提交给提供数据的职能部门,要求补全。

B. 错误数据。这一类错误是由职能部门手工录入错误或者业务系统不够健全,在接收输入后没有进行判断,直接写入后台数据库造成的,比如数值数据输成全角数字字符、字符串数据后面有一个回车操作、日期格式不正确、日期越界等。这一类数据需要分类,对于类似于全角字符、数据前后有不可见字符的问题,只能通过写 SQL 语句的方式找出来。

C. 重复数据。对于这一类数据,特别是维表中出现的这种情况,将重复数据记录的所有字段导出来,让职能部门确认并整理。

③数据整合

数据整合是将不同来源的数据,经过清洗转换后变为统一格式,存储到数据仓,用于提供数据共享、数据分析等服务,支持界面化工作流调度。

同一数据资源存在多个数据来源时,需要进行数据整合。业务信息一般由数据责任单位确定一个数据源即可。数据整合主要针对基础信息,包括对象一致性匹配和字段匹配。

对象一致性匹配指对有不同来源的同一数据所描述的对象进行匹配,如水利工程的基本信息数据,需要匹配一个水利工程在多个数据源中的编码,从而确定数据在多个数据源中所在的位置。

字段匹配指不同数据源匹配含义相同的字段,如在一个数据源中字段 A 的含义是工程规模,字段 B 的含义也是工程规模,这两个字段就可以建立匹配关系,然后确定字段的权威优先级。

匹配完成之后,在数据归集时,从多个数据源获取权威优先级最高的字段进入数据仓;在数据共享时,根据对象匹配关系,将数据仓的数据分发到正确的应用系统库表,并更新正确的字段。

④分析开发

数据分析开发的核心就是构建数据分析的逻辑。通过数据分析开发,可以快速创建计算任务,缩短开发周期。如将多个不同类型的任务组合成一个工作流,方便统一管理。

⑤质量评估

建立数据质量评估模型,从完整性、准确性、规范性、一致性、关联性、唯一性等多个维度对归集至水利数据仓的数据质量进行分析,自动生成数据质量评估报告。

(2)数据可视化的管理

经过数据资源现状普查和梳理、水利数据仓体系构建、数据资源归集后,灌区数据体系已经具备数据归集以及各种数据开发的能力。下一步需要针对数据建立数据资产体系,对数据进行可视化的管理。数据可视化的管理是针对数据模型、数据质量的管理。

①数据模型

数据模型是对数据平台的规范化。随着水利数据仓的长期运营和开发人员的变动,数据仓内的数据会逐渐变得不规范。传统的解决办法是采用人工经验加人工约定(口头约定或配套文档)的方式对平台内的表名做约束。

②数据质量

数据质量为数据正确性保驾护航。作为数据治理的一部分,数据质量的保障与提升是数据平台必备的。数据质量主要包括及时性、完整性、一致性、有效性、准确性。

③数据可视化的管理评价

建立数据评价模型,依托省级部门提供的水利数据治理工具——数据评价模块,从数据编目、数据归集、数据质量、数据更新等多个方面对数据进行综合评价,并按处室单位、业务类别、行政区域等多个维度进行分析展示。

建立数据监控大屏,可实时展示数据的编目、建库、归集、清洗、共享等情况。

4.3.1.3　数据共享交换服务

数据共享是浙江省数字化改革两大核心要求之一。按照省厅的"一数一源""协同共享"的水利数据共享的要求,不仅要实现与省、市、县水利部门纵向协同共享交换,还要与自然资源部门、应急部门等跨行业数据共享,为其他部门的协同做好支撑。

总体来说,安地灌区信息化系统需按照省政府数据开放共享要求,建立数据共享机制,制定数据共享交换接口、共享交换服务等相关标准规范,开发水利数据共享交换平台,为跨行业、跨层级全面数据共享交换提供支撑。

(1)建立信息资源共享机制

信息资源共享机制的建立要满足以下条件:

①科学性。数据共享的方式要科学合理,满足数据使用方的应用需求。

②统一性。同一数据提供方的分享方式要统一,公共数据的代码应参考国家相关标准(GB)或推荐标准(GB/T)。

③扩展性。数据分享设计时需充分考虑数据范围扩充、时间增量等问题。

④安全性。数据应在双方约定的权限范围内分享。

(2)数据服务管理模块

在省级数据服务管理模块基础上开发,直接申请省水管理平台数据共享交换内容中的基础数据和业务数据,实现数据服务申请、发布、调用、监控的统一管理。数据服务建设基于灌区数据体系,建设数据共享交换服务,实现与省、市、县水利部门纵

向协同共享交换,以及与横向部门的数据共享交换。主要功能包括:

①服务管理。实现对服务的注册、维护更新和删除等管理。

②服务查询。通过列表展示已经注册到共享交换模块的服务接口,并提供查询功能。

③服务申请。当用户需要使用接口时,通过填写服务申请信息,实现服务申请。

④申请授权。管理员对提交的各个服务申请进行审核授权。

⑤"我的服务"。当前用户通过申请的服务资源可以在"我的服务"进行统一查看。

(3)基础数据/业务数据服务建设和发布

水利数据仓构建的最终目标是发挥数据的价值。数据服务就是把数据变为一种服务能力,通过数据服务让数据参与业务,激活整个水利数据仓。数据服务是水利数据仓存在的价值所在。构建基础数据、业务数据的数据服务,其内容主要包含数据API市场、数据API资源目录、数据服务API申请及审批、数据API调用监测。

开展数据资源目录整理及维护、基础数据管理与维护、数据共享交换等工作,对数据资源目录保持统一规范。建立数据共享交换系统,提供元数据目录、异构数据库复制、实时同步、交换整合以及跨网络远程通道传输服务等一体化功能,实现数据复制、数据同步、读写分离、数据迁移、数据归档卸载、数据汇聚整合、数据分发、数据服务等应用场景,为水利业务提供省、市数据共享交换,打破"数据壁垒、信息孤岛"等滞后现象。

4.3.1.4 数据管理责任机制

制定和落实数据管理责任制度,形成上下级联动的数据管理责任机制,规定具体数据的建设、更新机制和责任机构、责任人,实现"应用更新数据、数据支撑应用"的良性循环。

(1)数据资源目录管理

为与省级数据资源目录保持统一规范,满足数据一致性的要求,在省级统建数据资源目录管理要求基础上开发,基于省级数字资源目录,结合本地的数据情况,增加本地的数据资源,继承省级数据资源目录的数据资源信息,并和省级数据仓保持同步。本项目主要功能包括:

①数据资源查询。通过列表展示已经创建到数据仓的数据资源,能够查看数据资源目录、数据资源详情。

②数据资源申请。当用户需要使用数据资源时,通过填写数据资源申请信息,实现数据资源调用。

③申请授权。管理员对提交的各个数据资源调用申请进行审核授权。

④"我的数据"。当前用户通过申请的数据资源可以在"我的数据"进行查看、调用。

⑤数据管理。根据数据责任制,相关数据责任用户可以通过数据管理模块,对数据进行查改、增删,提交后由上一级用户进行数据审核,通过数据质量考核后入库。

(2)数据管理

安地灌区数据体系建成后,基础数据的更新维护是水利数据管理的重点,需要建立规范的数据更新流程,明确数据维护部门的责任,做到"一数一源一责"。所有数据的更新维护都遵循"按职维护",由数据责任部门负责。通过统一的数据管理模块,按照统一的数据标准与格式来进行数据的生产、维护和更新,通过数据质量考核机制保障数据的准确性。

支持对各部门上传的数据质量进行监督和管理,主要从数据的有效性、完整性等指标进行统计、评价和告警。针对数据质量不达标的部门,系统自动将告警信息推送至相关部门。同时,在数据整编录入时,系统可自动识别无效数据,并给予提醒或要求重新录入。

(3)数据共享交换管理

在省级数据服务管理要求基础上开发,实现灌区数据服务注册、发布、调用、监控的统一管理。数据服务建设基于灌区数据体系,建设灌区基础数据共享交换服务,实现与省、市、县三级水利数据仓的基础数据共享交换,以及与金华市大数据中心的数据共享交换。

水位、流量、工况等实时监测数据由底层感知数据汇聚,或从水文系统对接到区水利数据仓。针对各级已有的信息系统中涵盖灌区水利相关基础类、管理类数据通过数据接口形式获取实时数据。主要功能包括服务管理、服务查询、服务申请等。

(4)数据运维

对多维身份进行管理,包括应用程序名、IP 地址、主机名、操作系统账户、数据库账户、数据库实例名、时间等因素进行任意组合,并可以组合形成新的登录认证规则。

4.3.2　灌区模型库

4.3.2.1　种植物遥感识别模型建设方案

(1)设计思路

遥感技术是一种集数据获取、处理、分析和定量表达于一体的综合对地观测技术。遥感技术由传统的载人飞机发展到如今的无人机,遥感系统与中高轨道卫星搭配的复合系统遥感技术的精细度也在不断提升。国家大力推进遥感等新技术、新方法的应用,特别是要结合高分辨率对地观测专项,依托水利卫星应用项目,开展水文水资源、水旱灾害、水环境、大中型工程建设运行等监测的试点和业务系统建设,逐步形成天空地一体化的综合立体水利信息采集体系。遥感信息技术的研究与应用对我国农作科技和生产管理产生深刻广泛的影响,很大程度上推动了传统农业向信息农业的转变。特别是以遥感为主的"3S"技术与作物模型在农作物生长、管理以及灾害监测等方面的应用,显著地提高了区域农业生产的动态预测性和管理决策的科学水平,取得了较好的经济、社会和生态效益。

综合运用卫星遥感、地理信息系统、云计算、人工智能、移动互联等新一代信息技术,围绕任务灌区(灌区总面积 28.5 万亩,设计灌溉面积 12.85 万亩,实际灌溉面积 10.6 万亩)种植作物精准监测需求,开展灌区多源遥感影像生产、农田地块提取、作物种植类型识别等精准农业数据生产工作,并结合 GIS 技术,将多源遥感影像、农业监测数据、专题分析数据等通过地图直观展现,形成全覆盖、高精准的灌区种植结构"一张图",实现灌区农业产业结构的常态化监测及评价,为相关部门决策提供数据支撑。

农作物的反射光谱特性是农作物种植结构遥感提取的基本物理基础。和其他绿色植被一样,农作物在可见光的蓝光和红光波段有 2 个吸收带,其反射率较低;在 2 个吸收带之间的可见光绿光波段有一个明显的反射峰;至 $1.1\mu m$ 近红外波段范围内,反射率达到高峰,形成植被的独有特征;在中红外波段($1.3-2.5\mu m$)因绿色植物含水量的影响,吸收率大增,反射率大大下降,在水吸收带形成低谷。农作物的这些光谱特征常常会因为农作物类型、生长季、长势状况以及田间管理等不同而有所差别,因此,科学合理地利用农作物光谱特征差异,是实现不同农作物遥感提取的关键。

农作物的时相特性是农作物遥感识别的特定理论基础。农业土地系统往往是由一种或多种农作物通过连作、轮作、间种与套种等种植模式组合形成的种植结构。受"同物异谱和异物同谱"现象、混合像元效应等影响,农作物遥感识别比自然植被(林地和草地)遥感提取更为复杂,单纯依靠光谱特征难以取得理想效果。由于组成农作物种植结构的不同作物具有特定的生长规律和物候特征,不同生长时期的同一农作物其光谱特征不同,同一生长期的不同农作物的光谱也有差异。因此,充分利用农作物的典型季相节律特征是区分作物不同类别、作物与其他绿色植被的关键理论依据。

由于相同作物在不同生长时期、不同作物在相同生长时期的光谱特征和空间特征有较大的差异。利用遥感影像对农作物种植结构进行识别时,要根据遥感区域的光谱差异,确定作物的识别特征及翻译标志。

(2)实施方案

①卫星遥感影像的简介及数据收集

目前国内外的遥感数据种类丰富,选择合适的遥感数据需要考虑多个方面,如数据质量、数据空间分辨率及云层覆盖率、数据价格等,要最大程度降低研究成本。

Sentinel 系列卫星隶属于"哥白尼"计划,是欧洲新一代对地观测卫星的核心内容,其主要目的是实现对环境和安全的实时监测。Sentinel 系列设计由两颗卫星的星座组成,能够最大限度满足影像大范围覆盖及快速重访的要求。本研究中的Sentinel-1 雷达影像和 Sentinel-2 光学影像,空间分辨率较高,且可以从欧洲航天局(European Space Agency,ESA)官网获取,该数据在农情监测应用研究方面具有较大价值。

Sentinel-1 雷达卫星具有全天时、全天候雷达成像系统。它是欧洲委员会(European Commission,EC)和欧洲航天局于2014 年 4 月针对哥白尼全球对地观测项目研制发射的首颗卫星,经过半年试运营后,开始逐步走向应用。其基于 C 波段成像系统采用 4 种成像模式来观测,具有双极化、短重访周期、快速产品生产的能力。Sentinel-1 雷达卫星在近极地太阳同步轨道上运行,轨道高度约 700km,重访周期为 12d。为获取较好的干涉产品,Sentinel-1 雷达卫星采用了严格的轨道控制技术。沿既定轨道运行时,卫星位置必须足够精确。在试运营结束后,它在既定轨道路径内运行,从而确保空间基线足够小,相干性增高,干涉分析可以有效开展。Sentinel-1 的主要参数如表 4-8 所示。

表 4-8　Sentinel-1 主要参数

卫星参数	参 数 值
载波波段	C 波段
轨道	太阳同步轨道,重访周期为 12d
成像模式	条带模式(SM),干涉宽模式(IW),极宽模式(EW),波模式(Wave)
幅宽	SM 幅宽 80km,IW 幅宽 250km,EW 幅宽 400km,Wave 幅宽 20km×20km
分辨率	SM 分辨率 5m×5m,IW 分辨率 5m×20m,EW 分辨率 20m×40m,Wave 分辨率 5m×5m
极化模式	SM、IW、EW 极化方式为双极化 HH＋HV/VV＋VH 或单极化 HH/VV,Wave 极化方式为单极化 HH/VV

Sentinel-2 运行在高度为 786km、倾角为 98.5° 的太阳同步轨道上。卫星设计寿命为 7 年。Sentinel-2 采用天体平台-L (AstroBus-L),该平台为欧洲空间标准化合作组织(ECSS)标准模块化平台。Sentinel-2 光学卫星采用三轴姿态控制,无地面控制点图像定位精度 20m,星敏感器直接安装在相机上,可获得更优的精度和稳定性。Sentinel-2 光学卫星的地面重访周期为 5 天,其安装的多光谱成像仪有 13 个通道,从可见光到近红外至短波红外,可见光至近红外空间分辨率为 10m、红边和短波红外波段空间分辨率为 20m。Sentinel-2 的主要参数如表 4-9

所示。

表 4-9　Sentinel-2 主要参数

波段号	中心波长/nm	波段宽度/nm	空间分辨率/m
1	443	20	60
2	490	65	10
3	560	35	10
4	665	30	10
5	705	15	20
6	740	15	20
7	783	20	20
8	842	115	10
8b	865	20	20
9	945	20	60
10	1375	30	60
11	1610	90	20
12	2190	180	20

Landsat 为美国航空航天局（NASA）陆地卫星计划，由 NASA 和美国地质调查局（USGS）共同管理，其主要任务是对地下矿藏、海洋资源和地下水资源的探测，并监测和协助农业、林业和水利资源的合理利用，可用来研究自然植物的生长过程，预报农作物收成，考察和预报各类自然灾害和环境污染等。自 1972 年 7 月 23 日成功发射第一颗陆地卫星（Landsat-1）以来，目前为止已累计发射系列卫星 8 颗。Landsat-8 卫星发射于 2013 年 2 月 11 日，重访周期为 16 天，对地球表面进行拍摄，拍摄影像可在 USGS 官网（https://earthexplorer.gov/）上免费下载。Landsat-8 卫星搭载陆地成像仪（OLI）。OLI 幅宽

185km×185km,包括 9 个波段,除涵盖 Landsat-7 所载 ETM+
传感器的所有波段外,新增海岸波段(Band 1)和卷云波段(Band
7)两个波段,分别用于海岸带、沿海地区的观测和云检测技术的
实现,还对近红外波段(Band 5)和全色波段(Band 8)两个波段
进行了调整,对 Band 5 排除了波长 0.825μm 处的水汽吸收,减
少了图像解译时的干扰,对 Band 8 缩短了波长范围,可更好地
对植被区和无植被区进行识别。

②遥感图像预处理

本项目所用的 Sentinel-1 雷达数据和 Sentinel-2 光学数据
需要分别进行数据预处理,继而进行数据匹配。对 Sentinel-1
雷达数据的预处理包括辐射校正、地形矫正、滤波处理几何地形
校正。而从欧洲航天局官网获取的 Sentinel-2 光学数据已经经
过辐射校正等处理,只需进行大气校正即可。

在应用 Landsat-8 遥感影像前,将遥感影像记录的 DN 值
转化为研究所需的物理量,并消除大气层、云层对遥感影像的
影响。不同的遥感影像需要不同的预处理操作,大致包含几何
校正、辐射定标、大气校正、图像裁剪等操作。

③灌区野外实地调查

通过实地调查与目视解译,绘制区域真实类别矢量图,验证
多源遥感数据作物识别精度。

地面调查可借助免费软件 ODK(Open Data Kit)进行。
ODK 是开放式数据工具包,使用户能够捕获各种格式的信息并
立即将其数字化,从而免除了纸质问卷调查和数据输入的过程。
它需要准备一份数字编程的问卷,有助于密切监测收集过程,并
在调查后立即以准备分析的格式收集数据。该软件消除了纸面
调查的需要,并大大减少了调查时间和数据输入所需的时间。
智能手机和类似设备都配备了支持 ODK 软件的设备。一旦回
到网络覆盖,填妥的表格可以发送到服务器进行下载分析。调

查内容主要包括作物类型、作物种植时间等。主要通过实地走访，用 ODK 软件进行定位，并记录相应的地面实际情况。

④基于多源遥感数据的灌区作物识别

本项目主要利用 Sentinel 系列、Landsat 系列数据，采用多源遥感信息融合方法提取典型区种植结构：针对不同典型区作物特征，在各类作物的常用指标基础上，针对不同地物和作物分析筛选特征性指标，融合面向像元和面向对象两大类方法的优点，根据指标和分类方法的适用性，构建分层分类方法，充分利用多源信息指标和多分类方法提升分类精度。

在面向像元的分类方法中，对多时相雷达数据进行预处理及最佳时相假彩色合成，分析后向散射系数变化趋势，主要用于水体、水田与旱地的识别和区分；使用高分辨率的光谱数据，分析归一化植被指数，可对光谱特征区分度较大的旱地作物进行进一步分类。

在面向对象的分类方法中，加入不同作物的纹理信息，通过灰度分布关系对地物进行识别以提高分类精度；加入邻近时间的遥感影像计算得到的 NDVI 等分类指标，对 Sentinel 分类结果中可能受云影响的个别地物进行分析，可通过多指标的时相变化特征分析进一步提高结果精度。

A. 基于单时相 Sentinel 多源遥感对灌区进行作物识别

以 Sentinel-1 雷达卫星和 Sentinel-2 光学卫星数据作为数据源，利用单时相多源遥感数据对灌区地块进行分类，分析分类结果，找出最佳时相及受云层影响时相，然后在确定最佳时相和有云时相的基础上，建立最小距离法、最大似然法、支持向量机和 BP 神经网络 4 种监督分类模型，通过比较各种监督分类方法下的结果，确定单时相多源遥感数据在作物识别方面的优势。

B. 使用 Landsat-8 影响构建 NDVI 时间序列

通过 S-G 滤波算法和 Hants 滤波消除大气等因素的影响，

使用支持向量机算法和随机森林分类算法进行作物类别的识别,对分类结果进行分析与评价,探究不同分类算法在本灌区的实用性,并以生育期为划分依据,提取灌区主要种植作物分布信息。选用支持向量机算法和随机森林分类算法前,均需要一定的先验样本对分类器进行训练,样本数据的准确与否对分类结果会产生较大影响,因此,将通过以下步骤进行样本训练和验证样本的选取:对研究区的作物类别进行实地调研,记录不同样点的经纬度坐标;结合 Google Earth 软件上的高分辨率模型扩大样点范围,并基于 Envi 软件构建不同作物土地利用类型的感兴趣区;为保证样本选取的准确性,再次进行实地调研,确保所构建兴趣区像元的纯净度。将选取的样本按 2∶1 的比例,随机分为训练样本和验证样本。

⑤模型精度的评价

使用分类精度和不确定性评价分类结果。对于分类精度,本文采用基于混淆矩阵的总体分类精度(Overall Accuracy,OA)、用户精度(Users'Accuracy, UA)、制图精度(Producers'Accuracy, PA)和 kappa 系数。

总体分类精度:表述的是对每一个随机样本,其分类结果与检验数据类型相一致的概率。即被正确分类的像元总和除以所有检验像元总和,计算公式如下:

$$P = \frac{\sum_{K=1}^{n} P_{KK}}{N} \tag{4.1}$$

用户精度:表述的是从分类结果中任取一个随机样本,其所具有的类与地面实际类型一致的条件概率。通常是指正确分到 K 类的像元总数(对角线值)与分类器将整个影像的像元分为 K 类的像元总数的比值。错分误差＝100％－用户精度,即用户精度越高,错分误差越低。用户精度计算公式如下:

$$P_{U_k} = \frac{P_{KK}}{P_{K+}} \tag{4.2}$$

制图精度：表述的是对于检验数据中的任意一个随机样本，分类图上同一地点的分类结果与其相一致的条件概率。通常是指正确分到 K 类的像元总数（对角线值）与 K 类参考数据总数的比值。漏分误差＝100％－制图精度，即制图精度越高，漏分误差越低。制图精度计算公式如下：

$$P_{P_k} = \frac{P_{KK}}{P_{+K}} \qquad (4.3)$$

对于分类不确定性，本项目使用随机森林输出的每个像素的概率分布结果$[P1(x), \cdots, Pk(x), \cdots, Pk(x), k = 1, 2, \cdots, K]$计算 α 二次熵，作为分类的不确定性，公式如下：

$$H(p(x)) = \frac{1}{n \times 2^{-2a}} \sum_{K=1}^{K} P_k^a(x)(1 - p_k(x))^a \quad (4.4)$$

式中，$H(p(x))$ 为序列 $p(x), p_1(x), \cdots, p_k(x)$ 的 α 二次熵，α 是一个介于 0 和 1 之间的数值，本文中的 α 被定义为 0.5，$H(p(x))$ 数值越小，说明分类的不确定性越高。将 α 二次熵作为分类不确定性的优点是这种计算方法使用了分类概率序列的全部信息。最后，计算正确分类像元与错误分类像元不确定性的比例，公式如下：

$$Uncertainty\ Ratio = \frac{\text{Average}(Uncer_C)}{\text{Average}(Uncer_U)} \qquad (4.5)$$

式中，$\text{Average}(Uncer_C)$ 是所有正确分类像元的分类不确定性平均值，$\text{Average}(Uncer_U)$ 是错误分类像元的不确定性平均值。所以，较低的分类不确定性比例说明分类结果更可靠。

4.3.2.2　深度学习的实时灌溉预报模型

（1）设计思路

实时灌溉预报模型主要用于预报未来一个时段内灌区的农业灌溉需水量，为实时掌握灌区用水需求、开展灌溉决策和配水调度提供科学依据，也为灌区用水的精细化管理奠定基础。该模型集成了作物需水量预报模型、降雨量预报模型和灌水量预报模型。作物需水量预报模型采用"$K_s - K_c - ET_0$"法,其中,参考作物腾发量预报模型采用逐日均值修正法或 Hargreaves-Samani 公式法,该方法的实用性已被国内外多个灌区(如漳河灌区、赣抚平原灌区等)验证;降雨量预报模型采用天气类型转换法,即获取我国气象部门发布的天气预报信息,采用定量转换方法将其中的天气类型转化为降雨量;灌水量预报模型包含水田作物田间水层动态模型和旱作物土壤水分动态模型,两个模型均基于水量平衡原理,确定各水量平衡项(如作物需水量、降雨量、地下水补给量、渗漏量等)的定量计算方法,最终计算得到灌水量和排水量。水田作物主要为水稻,参照群众丰产灌水经验和田间试验资料,制定作物各生育期水层控制标准,结合水量平衡计算公式,确定最终的灌水量和排水量。旱作物有苗木、茶叶、棉花、玉米、花卉、水果等,因其耗水量小,任一时段内土壤计划湿润层内的储水量必须保持在一定的适宜范围内,即通常要求不小于作物允许的最小储水量和不大于作物允许的最大储水量。根据灌区种植经验和相关规范确定这两个参数,当土壤含水量降低到一定的阈值,即需灌溉。

(2)预期目标

①构建安地灌区实时灌溉预报模型,实现灌区作物旱情预警及需水预报数字化。

②以模型预报的需水量数据为灌区水资源优化调度提供支撑。

(3)实施方案

①灌区基础情况调研及相关资料收集分析

A. 灌区可用水源分析及作物种植结构调研

通过资料收集和现场调研,了解灌区可用水源及灌溉范围、作物种植结构,以便对灌区进行合理的分区并选取典型田块。

B. 灌区长系列气象资料收集分析

从当地气象部门或者中国气象数据网(http://data.cma.

cn/)收集金华市 1985—2019 年逐日历史气象数据资料,包含最低气温、最高气温、平均气温、平均风速、日照时数、平均相对湿度,并从中国天气网(http://www.weather.com.cn)通过 PHP 编程语言抓取自 2012—2021 年预见期为 7 天的天气预报数据(最高气温、最低气温、天气类型、风力等级),为灌区作物需水量预报模型构建提供数据基础。

C. 灌区其他相关资料收集

其他相关资料包括代表性实验站历史实测作物需水量数据、灌区土壤参数(土壤类型、田间持水量、枯萎系数、深层渗漏量)、灌区各级渠道、田间灌溉水利用系数资料、灌区渠系分布资料、灌区近三年放水资料等,为灌区实时灌溉预报模型构建及预报精度验证提供数据基础。

②参考作物腾发量(ET_0)预报模型构建及验证

本模型以 FAO-56 Penman-Monteith(PM)公式计算的 ET_0 值为基准值,以 1985 年 1 月 1 日—2011 年 12 月 31 日的数据为率定期,确定温度法中各公式的参数,然后以天气预报中气温预报数据为输入,采用率定后的仅基于温度的 ET_0 预报公式进行未来 7 天的 ET_0 预报。并以 2012 年 5 月 24 日—2021 年 12 月 31 日的气温预报数据为验证期数据,验证并分析各温度法 ET_0 预报模型的预报精度及适用性,最终选取一种预报精度较高、适用性较强的方法作为安地灌区的 ET_0 预报模型。

A. 参考作物腾发量预报模型构建

根据收集的逐日天气预报数据,采用 ET_0 预报模型(McCloud 模型、Hargreaves-Samani 模型和 Blaney-Criddle 模型)构建基于公共天气预报的短期参考作物腾发量(ET_0)预报模型,具体数学模型如下:

a. Mc Cloud(MC)模型

Mc Cloud 法最早是在美国佛罗里达州提出的,用于计算草

坪和高尔夫球场的潜在腾发量,其计算变量单位需转换为国际制。转换后的公式如下:

$$ET_{0,MC} = K_{MC} \cdot W^{1.8T} \tag{4.6}$$

式中,$ET_{0,MC}$ 为 MC 法计算的参考作物蒸发蒸腾量,mm/天;K_{MC}、W 为常数,$K_{MC} = 0.254$,$W = 1.07$;T 为日平均温度,℃。

b. Hargreaves-Samani(HS)模型

根据美国加利福尼亚州当地蒸渗仪的数据,HS 法在 1985 年首次提出。该方法仅需要最高气温和最低气温即可计算 ET_0。尽管模型是在半干旱气候条件下建立的,但在各气候区均有较好的计算精度,因而 HS 法是最常用的温度法之一。其表达式如下:

$$ET_{0,HS} = \frac{1}{\lambda} C \cdot R_a \cdot (T_{max} - T_{min})^E \cdot \left(\frac{T_{max} + T_{min}}{2} + 17.8 \right)$$

$$\tag{4.7}$$

式中,$ET_{0,HS}$ 为 HS 法计算的 ET_0 值;C 和 E 两个参数的建议值分别为 0.0023 和 0.5;R_a 为地球外辐射,MJ·m^{-2}/天;λ 为平均气温的蒸发潜热,通常取值为 2.45 MJ·kg^{-1};T_{max} 和 T_{min} 分别为最高气温和最低气温,℃。过往研究表明,由于 HS 法具有地区变异性,因而对 HS 法中的参数 C、E 进行地区校正有助于提升模型计算精度。

c. Blaney-Criddle(BC)模型

Blaney-Criddle 法由 Blaney 和 Criddle 在 1962 年提出,BC 法认为在土壤水分供应充足的情况下,ET_0 可通过时段内平均气温和平均白昼小时占全年白昼小时数的百分比进行计算。其具体公式如下:

$$ET_{0,BC} = p(0.46T + 8.13) \tag{4.8}$$

式中,$ET_{0,BC}$ 为 BC 法计算的参考作物蒸发蒸腾量,mm/天;T 为时段内平均温度,℃;p 为时段内白昼小时数占一年总白昼小时数的百分比,%。

B. 参考作物腾发量预报模型参数率定

目前国内外已有许多关于 ET_0 的理论和计算公式,但由于这些理论或计算公式都是基于特定地区、特定气候条件下确定的,因此不同的方法计算误差值较大。研究表明,对 ET_0 计算模型进行研究区参数率定可以提高预报准确率。在率定期,采用 FAO56 推荐的 Penman-Monteith 公式和历史实测气象资料计算得到的 ET_0 值作为基准值,与 McCloud(MC)模型、Blaney-Criddle(BC)模型、Hargreaves-Samani(HS)模型计算的 ET_0 值建立线性回归关系(式),来推求 McCloud(MC)模型、Blaney-Criddle(BC)模型的校正系数 a 和 b 值,同时对 Hargreaves-Samani(HS)模型公式中的参数 C、E 值进行率定;在验证期,检验该时段内率定后各模型在研究区域计算 ET_0 值的准确度;在预报期,将各模型应用于研究区域的 ET_0 预报。

$$ET_0 = a + bET_{eq} \tag{4.9}$$

式中,ET_0 为 FAO56-PM 法计算结果,mm/天;ET_{eq} 为其温度法计算结果,mm/天;a、b 为对应的校正系数。

C. 精度评价

基于天气预报的 ET_0 预报研究中,需要对天气预报和 ET_0 预报分别展开精度验证。天气预报作为模型输入量将对 ET_0 预报精度产生直接影响,故首先应对气温预报和天气类型预报的准确性开展评价。完成模型输入量的精度验证后,再进一步评价各模型的 ET_0 预报准确率。为实现上述精度验证,采用以下 3 个统计指标做分析评估,包括平均绝对误差(MAE)、均方根误差(RMSE)和相关系数(R)。MAE 能直观反映模型预报值与基准值之差,但不能完全表示预报的好坏程度,故需要结合 RMSE 综合判断。RMSE 用来衡量观测值和真值之间的偏差,可以衡量一个数据集的离散程度,二者越接近于 0 则模型的预测质量越高。R 为皮尔逊相关系数,用来反映预报值与实测值之间的线性相关关系,二者越趋近于 1 越好。各统计指标公式如下:

$$MAE = \frac{\sum_{i=1}^{n} |x_i - y_i|}{n} \tag{4.10}$$

$$RMSE = \sqrt{\frac{\sum_{i=1}^{n} (x_i - y_i)^2}{n}} \tag{4.11}$$

$$R = \frac{\sum_{i=1}^{n} (x_i - \overline{x})(y_i - \overline{y})}{\sqrt{\sum_{i=1}^{n} (x_i - \overline{x})^2} \sqrt{\sum_{i=1}^{n} (y_i - \overline{y})^2}} \tag{4.12}$$

式中,x_i 为各气象因子或 ET_0 预报值;y_i 为各气象因子实测值或 FAO56-PM 计算的 ET_0 值;i 为预报样本序数,$i = 1$,2,$\cdots$,n;$\overline{x}$、$\overline{y}$ 分别为预报值和计算值序列的均值;n 为预报值样本总数。

③灌区作物需水量预报模型构建及验证

A. 灌区作物系数 K_c 计算分析

作物系数 K_c 与作物种类、作物生长阶段有关,通常由代表性试验站历年长系列作物需水量数据除以 P-M 模型计算的参考作物腾发量得到。确定作物系数、点绘出作物系数曲线,需确定 3 个值:生长初期(K_{cini})、生长中期(K_{cmid})、生长后末期(K_{cend})。

B. 灌区土壤水分系数 K_s 计算分析

根据作物灌溉特性,根据典型试验站实验数据分析获得。

C. ET_{ci} 预报模型程序开发及调试

采用"$K_c - K_s - ET_0$"法进行作物需水量(ET_c)预报,将预报结果与代表性试验站历史实测作物需水量进行对比分析,评价模型预报精度。

④灌区实时灌溉预报模型构建及验证

A. 气象预报数据抓取

我国天气预报数据可以从中国天气网（http://www.weather.com.cn/）获得，通过正则表达式抓取对应地区的天气预报数据存储到数据库中。

B. 田间水位监测、分析及校正

灌区内合理布置田间水分实时监测设备，将监测数据通过相应的通信技术实时上传服务器端，按照统一的数据格式存储于数据库中，并提供统一的数据调用接口，以及田间水位实时数据查询、分析及校正服务。

C. 土壤墒情分析及校正

灌区内合理布置土壤墒情实时监测设备，数据实时上传，按照统一的数据格式存储于数据库中，并提供土壤墒情实时数据查询、分析及校正服务。

D. 基于水量平衡发的实时灌溉预报模型开发及调试

以天气预报和气象站实时数据为输入信息，循环运算相应的水量平衡方程，预报水分状况何时达到灌水上限。灌区的作物分为旱作物和水稻两大类，旱作物的水量平衡是指在计划湿润层内的土壤水量损耗与补给保持动态平衡。式（4.13）为旱作物需水情况适用的水量平衡方程：

$$W_i = W_{i-1} + P_i + I_i - ET_{ci} + Ge_i + W_{ri} \qquad (4.13)$$

式中，W_i、W_{i-1} 为时段初与时段末的土壤含水量，mm；P_i 为第 i 天的计划湿润层内保存的有效降雨量，mm；I_i 为第 i 天的灌溉水量，mm；ET_{ci} 为第 i 天的作物需水量，mm；Ge_i 为第 i 天的地下水补给量，mm；W_{ri} 为第 i 天因计划湿润层增加而增加的土壤含水量，mm。

对于水稻来说，田间渗漏量是影响水稻需水量的重要因素，不可忽略。稻田有水层时需水情况适用的水量平衡方程表示如下：

$$H_i = H_{i-1} + P_i + I_i - ET_{ci} - D_i - S_i \qquad (4.14)$$

式中，H_i 为第 i 天的稻田田间水层深度，mm；H_{i-1} 为第 i -1 天的稻田田间水层深度，mm；D_i 为第 i 天的排水量，mm；S_i 为第 i 天的渗漏量，mm。

当稻田无水层时，如果稻田内的土壤水分饱和，则 $H_i = 0$，如果稻田土壤水分为非饱和状态，则 $H_i < 0$，按下式计算：

$$H_i = [\theta_{ui} - \theta_s] \rho_b H \qquad (4.15)$$

式中，θ_{ui} 为计划湿润层的重量含水率；θ_s 为饱和含水率，按重量计；ρ_b 为土壤干容重，g/cm³；H 为计划湿润层深度。

灌水日期按照计划湿润层含水量降低到适宜土壤水分下限的时间确定结合灌区以往灌溉调度经验，确定田间灌水日期及净灌溉水量。

E. 实时灌溉预报模型集成及率定

灌溉预报模型包含 ET_0 预报模型、ET_c 预报模型、降雨量预报模型、灌水量预报模型等。每个模型均是一个集成的类，通过合理细分、代码提炼，集成数据调用格式统一的模型，形成智能模型库。以气象资料和历史监测数据模型输入，将模型输出结果与灌区实测结果进行对比分析，优化模型参数，直至符合模型预期精度。

4.3.2.3 基于强化学习的智能灌溉决策模型

基于多源感知的实时灌溉预报模型，核心是利用天气预报信息来辅助制定灌溉决策。由于天气预报是对未来降水、温度和风速等气象条件的预测，存在不确定性，因此，仅仅依赖天气预报进行灌溉决策，存在相应的风险。针对降水的不确定性，完全依赖气象预报确定是否灌溉农作物的方案存在缺陷。以避免灌后遇雨水和不灌等雨造成受旱减产为目标，引入人工智能技术,通过机器强化学习获得经验并吸取教训,开发基于强化学习的智能灌溉决策模型。

(1)设计思路

强化学习是一种重要的机器学习方法,多应用于智能控制机器人及分析预测等领域。强化学习是智能体以"试错"的方式进行学习,通过与环境进行交互获得的奖赏来指导行为,目标是使智能体获得最大的奖赏。强化学习把学习看作试探评价过程,智能体选择一个动作用于环境,环境接受该动作后状态发生变化,同时产生一个强化信号(奖或惩)反馈给智能体,智能体根据强化信号和当前环境状态再选择下一个动作,选择的原则是使受到正强化(奖)的概率增大,如图 4-5 所示。选择的动作不仅影响立即强化值,而且影响环境下一时刻的状态及最终的强化值。

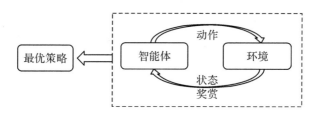

图 4-5　强化学习示意图

(2)实施方案

①模型开发所需资料收集

A.气象资料收集

从中国气象数据网(http://data.cma.cn/)收集金华市1985—2019 年逐日历史气象数据资料(最低气温、最高气温、平均气温、平均风速、日照时数、平均相对湿度),并从中国天气网(http://www.weather.com.cn)通过 PHP 编程语言抓取自2012—2021 年预见期为 7 天的天气预报数据(最高气温、最低气温、天气类型、风力等级)。

B. 灌区土壤参数收集

收集土壤类型、田间持水量、枯萎系数、深层渗漏量等数据。

C. 灌区历史作物灌溉资料收集

收集灌区代表性试验站历史实测作物需水量数据、历史作物灌溉制度、作物生长发育时期、灌区历史灌水量及灌水日期数据。

②作物需水量计算

计算作物逐日需水量，为灌区作物智能灌溉决策模型构建提供数据基础。作物逐日需水量由单作物系数法计算，如下式：

$$ET_c = K_c \cdot K_s \cdot ET_0 \tag{4.16}$$

式中，K_c 为单作物系数，K_s 为水分胁迫系数，当发生土壤水分胁迫时，$K_s < 1$，无土壤水分胁迫时，$K_s = 1$，ET_0 为参考作物腾发量，mm/d。

参考作物腾发量采用彭曼模型，如下式：

$$ET_0 = \frac{0.408\Delta(R_n - G) + \gamma[900/(T+273)]u_2(e_s - e_a)}{\Delta + \gamma(1 + 0.34u_2)}$$

$$\tag{4.17}$$

式中，ET_0 为采用 PM 公式计算的参考作物腾发量，mm/d；R_n 为作物表面净辐射，MJ/(m$^2 \cdot$ d)；G 为土壤热通量，MJ/(m$^2 \cdot$ d)；T 为地面 2m 高处日平均气温，℃；u_2 为地面 2m 高处风速，m/s；e_s 为饱和水汽压，kPa；e_a 为实际水汽压，kPa；Δ 为饱和水汽压与气温关系曲线的斜率，kPa/℃；γ 为湿度表常数，kPa/℃。

③作物水分生产函数计算

在灌溉决策制定过程中，需要评价水分胁迫对作物产量的影响，采用作物产水函数建立特定生长期水分亏缺与产量的函数关系。根据以往的研究，南方地区的水稻通常采用 Jenson 模型来量化其效应。模型表示如下：

$$\frac{Y_a}{Y_m} = \prod_{i=1}^{n} \left(\frac{ET_a}{ET_m}\right)_i^{\lambda_i} \tag{4.18}$$

式中,Y_a 为实际产量,Y_m 为理论产量,ET_a 是实际腾发量;ET_m 为潜在腾发量;n 为生长阶段数,i 为生长阶段序数,$i=1$,$2,\cdots,n$;λ_i 为水应力敏感性指数增长阶段。

④强化学习模型构建及训练

A.强化学习模型构建

灌溉决策过程具有马尔可夫性质,即下一阶段的状态仅与当前阶段的状态和采取的动作有关。在考虑未来降雨进行灌溉决策时,管理人员执行某个操作(如灌水),并不能立刻获取最终的结果,甚至难以判断当前操作对最终结果的影响,仅能得到一个当前反馈(水层深度的变化、未来实际降雨情况等)。而强化学习是解决具有马尔可夫性质的决策问题的有效方法之一。强化学习是机器学习的一种方法,智能体通过一系列的观察、动作和奖励与环境进行交互,其目标是找到一个最优策略,即以一种最大化累积未来回报的方式选择行为。因此,采用强化学习方法,通过在环境中不断尝试不同的策略来获取反馈,从灌后遇雨、不灌等雨而无雨等错误的灌溉经验中获取教训,从而得出最优决策,提高降雨利用率。

强化学习的环境可以表示如下:

$$E = \{S_t, A, m_t, R\} \tag{4.19}$$

式中,S_t 为状态空间,A 为动作空间,m_t 是转移函数,R 是奖励函数,其中动作空间概率分布服从高斯分布。

状态空间构建。待灌溉区域决策周期内状态空间 S_t 状态向量表达式如下:

$$S_t = (P_t, h_t, h_{\min}, h_{\max}, H_p) \tag{4.20}$$

式中,P_t 为当前灌溉决策周期 t 内未来一段时间内的预报降雨量序列;h_t 为当前灌溉决策周期 t 内水层深度,mm;$h_{\min}$ 为灌水下限,mm;$h_{\max}$ 为灌水上限,mm;H_p 为雨后蓄水上限,mm。

转移函数设置。转移函数 m_t 为在决策周期内执行灌溉决策后,环境从当前状态转移到另一个状态,包括作物蒸散量的更新,未来预报气象数据的更新,土壤含水量或水层深度的变化。水层深度转移概率可表达如下:

$$m_t = \begin{cases} h_{\max} - h_t & a_t = 0 \\ \dfrac{1}{2}(h_{\max} - h_t) & a_t = 1 \\ h_t & a_t = 2 \end{cases} \tag{4.21}$$

$$h_{t+1} = h_t + m_t \tag{4.22}$$

奖赏函数设置。奖赏函数 R 为在决策周期内执行灌溉决策后环境从当前状态转移到另一个状态时反馈的奖励。奖赏函数表达式为:

$$R = r_0 \times r_1 \times r_2 \tag{4.23}$$

式中,r_0 为基础奖励,r_1 为产量奖励,r_2 为降雨利用奖励。计算如下:

$$r_{0,t} = \begin{cases} 0.1 & \begin{array}{l} a_t = 0 \quad\quad\quad h_t < h_{\min} \\ a_t = 1 \text{ or } 2 \quad h_t \geqslant h_{\min} \end{array} \\ 0.9 & a_t = 1 \quad\quad\quad h_t < h_{\min} \\ 1.0 & \begin{array}{l} a_t = 0 \quad\quad\quad h_t \geqslant h_{\min} \\ a_t = 2 \quad\quad\quad h_t < h_{\min} \end{array} \end{cases} \tag{4.24}$$

$$r_2 = \left(\frac{ET_a}{ET_m}\right)^{\lambda} \tag{4.25}$$

$$h_{final} = h_{init} + P + M - ET_c - F - D \tag{4.26}$$

$$r_1 = \frac{ET_c + F}{P + M + (h_{init} - h_{final})} \tag{4.27}$$

环境参数修正。智能体需要根据实际气象条件和灌溉决策修正环境状态参数。水层深度的修正公式如下:

$$h_{t+1}^{*} = \begin{cases} h_{t+1} + P_{t}^{1\,*} - ET_{d}^{*} - f_{t} & h_{t+1} + P_{t}^{1\,*} - ET_{d}^{*} - f_{t} \leqslant H_{P} \\ H_{P} & h_{t+1} + P_{t}^{1\,*} - ET_{d}^{*} - f_{t} > H_{P} \end{cases}$$

$$(4.28)$$

式中，$P_{t}^{1\,*}$ 为灌溉决策周期 t 内的实际降雨量，mm；ET_{d}^{*} 为灌溉决策周期 t 内的实际作物需水量，mm；P_{t} 为田间深层渗漏量，mm。

策略评估函数构建。对环境进行建模后需要对采取的策略进行评估。为了评价强化学习得到的策略，从初始状态 s 出发，执行动作 a 后再使用策略 π 所带来的累积奖赏期望：

$$Q^{\pi}(s,a) = E_{\pi}\Big\{ \sum_{t=0}^{+\infty} \gamma_{i} r_{t+i} \mid s_{t} = s, a_{t} = a \Big\} \quad (4.29)$$

式中，γ 为奖赏折扣，r 为后续执行的步数。

最优状态－动作值函数为所有策略中值最大的状态－动作值函数，即：

$$Q^{*}(s,a) = \max_{\pi} Q^{\pi}(s,a) \qquad (4.30)$$

最优的策略 π 可通过直接最大化 Q 来确定，计算如下：

$$\pi^{*}(s) = \arg\max_{(a \in A)} Q^{*}(s,a) \qquad (4.31)$$

当模型所有参数已知时，可用动态规划进行求解。但本项目的灌溉决策模型的转移概率不完全已知，因为未来实际降雨的过程是不确定的，而且一般的 Q 函数是表格形式的，而由于水层深度和降雨量是连续的，所以状态空间是连续空间。为了解决以上问题，本项目引入一种基于深度卷积网络的深度强化学习（Deep Q-learning Network，DQN）算法来求解强化学习模型。

根据基本的 Q-learning 算法，Q 函数可根据以下公式进行更新：

$$Q(s_{t},a_{t}) \leftarrow Q(s_{t},a_{t}) + \alpha\big[r_{t} + \gamma \max Q(s_{t+1},a_{t+1}) - Q(s_{t},a_{t})\big]$$

$$(4.32)$$

DQN 算法使用神经网络来近似 Q 函数，然后训练该神经

网络,使标签和网络输出的偏差,即损失函数最小化,计算如下:

$$L_k(\theta_k) = E\left[(r + \gamma \max_{a_{t+1}} Q(s_{t+1}, a_{t+1}; \theta_k^-) - Q(s_t, a_t; \theta_k))^2\right]$$

$$(4.33)$$

B. 强化学习模型训练

DQN 算法总体架构如图 4-6 所示。当强化学习模型环境构建完成后,初始化参数、神经网络模型和生成一个初始随机策略,环境将根据已有的初始策略产生样本,这些样本储存在一个数据库里,然后数据库容量足够大之后就随机取样形成一批数据作为神经网络的输入进行训练,得出一个新的 Q 函数和决策,最后环境根据这个新的 Q 函数和决策产生新的样本,不断循环,直到训练次数达到要求。

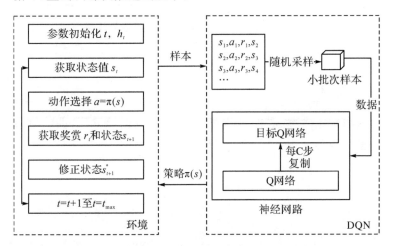

图 4-6　DQN 算法的总体架构

⑤智能灌溉决策评价

由于本项目基于天气预报构建智能灌溉决策模型,因此,需要对天气预报要素的预报精度和节水效果进行分析评价。

A. 降雨预报评价

采用误差特征值分析法（即统计学法）计算不同等级降雨量预报的正确率（Percentage Correct，PC）、漏报率（Missing Alarm Rate，MAR）、空报率（False Alarm Rate，FAR）、TS（Threat Score）评分及 ROC 曲线等特征指标值。

国际上许多研究将降雨看作两分法变量来进行准确性评估，通过预报数据与实测数据的对比获得回归模型，来构成一个以有无降水划分的 2×2 的列联表。具体标准如表 4-10 所示，以一天内是否降水 1mm 以上为有降水和无降水的区分条件，如事件 A 表示正确预报出降水的数目。

表 4-10　预测降雨与否列联表

观测	预报	
	有	无
有	A	B
无	C	D

采用正确率、漏报率、空报率、TS 评分以及 ROC 曲线对降雨预报准确度进行评价，其计算公式如下：

$$PC = \frac{A+D}{A+B+C+D} \times 100\% \qquad (4.34)$$

$$TS = \frac{A}{A+B+C} \times 100\% \qquad (4.35)$$

$$FAR = \frac{C}{A+C} \times 100\% \qquad (4.36)$$

$$MAR = \frac{B}{B+D} \times 100\% \qquad (4.37)$$

相对特征运行曲线（Receiver Operating Characteristic curve，ROC）是根据表现特征评定二进制分类的有效方法，由于其具有强大的辨别能力，能在混乱矩阵中保留有用信息的分类，目前被广泛应用于天气预报的检验。本项目利用 ROC 特征曲线分析预见期 7 天内的降水预报时效性，采用命中率（True Positive rate，TPrate）和虚警率（False Positive rate，FPrate）进行 ROC 曲线绘制，其中，命中率和虚警率的公式如下：

$$TPrate = \frac{A}{A+B} \times 100\% \tag{4.38}$$

$$FPrate = \frac{C}{C+D} \times 100\% \tag{4.39}$$

随着预见期变化，预报的命中率和虚警率也会有相应改变。以虚警率为横坐标，以命中率为纵坐标，合绘出的曲线即为 ROC 曲线。ROC 下的面积为 AUC（Area Value Curve）值，当 ROC 在对角线以上时，表示 AUC 值大于 0.5，即命中率大于虚警率，认为有正预报价值。

在实际情况中，如果在实测有降雨同时预报准确，还存在预报雨量级比实际大或者比实际小的情形，为进一步深入分析降雨预报的精确度，考虑将正确率分为准确预报率（Accuracy Forecast rate，AF）、大一级预报率（Large level Forecast rate，LF）和小一级预报率（Small level Forecast rate，SF）。将正确预报降水事件 A 分成 a_1、a_2、a_3 等 3 个子事件。划分标准如下：

准确预报 a_1：即实际的降水量落在预报降水的雨量级范围内，准确预报率计算如下：

$$AF = \frac{a_1}{A} \times 100\% \tag{4.40}$$

大一级预报 a_2：实际降水量比预报降水的雨量级大，大一级预报率计算如下：

$$LF = \frac{a_2}{A} \times 100\% \tag{4.41}$$

小一级预报 a_3：实际降水量比预报降水的雨量级小，小一级预报率计算如下：

$$SF = \frac{a_3}{A} \times 100\% \qquad (4.42)$$

B. 节水效果评价

统计不同灌溉模式和灌溉决策策略下的水稻灌溉用水量，通过比较排水量、降雨利用率、灌溉次数、灌水量对智能灌溉决策的节水效果进行评估。

4.3.2.4 渠系多目标动态配水模型

大中型灌区涉及多级渠道，系统构建整个灌区渠系动态优化配水模型时，将总干渠、干渠及支渠作为研究对象。安地灌区由1条总干渠和多条支渠组成。通过灌区实时灌溉预报模型，可获得未来一段时期（周或旬）不同区域需要灌溉的日期和水量。结合灌区的实时工况、水情等信息，开展智慧决策调度，合理进行渠系配水，保证水源供水通过各级渠系"适时、适量"进入所需的灌溉区域，满足作物精准灌溉的需求。

(1) 设计思路

渠系动态配水系统属于大系统，其特点有：①模型变量多，支渠配水流量及开始时间均为变量，支渠数量多，模型维数高；②模型包含多个子系统，即每条干渠均为相互独立且相互关联的子系统；③模型性能评价采用多个目标，需要用多目标准则进行决策和优化。以上特点符合大系统的一般特点，因此，渠系动态优化配水系统为大系统。将渠系动态优化配水模型分解为两层模型，上层为总干渠协调层，下层为干—支渠子系统，子系统相互独立。

对下级渠道进行动态划分轮灌组，划分方式有两种：①延续时间相似，采用时间叠加的形式进行划分，即下级渠道同时开闸和关闸；②设计流量相似的渠道，采用平铺划分，即采用同一流量先后进行下级渠道放水。时间和流量相似的标准为划分调整流量不超过所有下级渠道设计流量的 20%。

实现全灌区闸门远程控制还需要大量的水利工程建设及相应管理手段和理念的更新。在灌区范围内,人工及机械操作仍然是主要渠道闸门的操作方式,而闸门操作次数多时,可能会产生流量衔接不稳定等问题,影响渠道运行安全。为减少闸门管理成本并保证渠道运行安全,模型目标应考虑将闸门操作次数降到最少。此外,为减少灌区输水损失,模型目标应考虑渠系渗漏损失最小。此模型属于多目标优化模型。

（2）实施方案

灌区可用水源调查分析。收集灌区近 30 年降雨资料,统计分析灌区降雨规律及 50％、75％、90％水平年降雨量。通过现场调研、资料收集等手段,统计灌区范围内可用水源,包括列入浙江省名录的山塘、水库、堰坝、泵站等。

①灌区主要干支渠系现状

统计灌区范围内主要干渠、支渠灌溉面积范围以及渠系现状,包括渠道正常运行流量、渠道允许最高水位、输配水时间、渠道水利用系数、渠道长度、衬砌情况、闸门位置等情况。

②数学模型构建

包括目标函数的建立和约束条件的建立。

③目标函数

多级渠系配水要尽可能考虑人为操作便利性,同时考虑渠系渗漏损失少和流量输水平稳等目标,以保证模型的实用性。本项目采用干渠及总干渠闸门操作次数少、渠系输水损失小、渠道输水过程中的流量变化小这 3 个目标来评价模型结果优劣。

闸门操作次数少,即:

$$\min N = \sum_{i=1}^{n} COUNTIF(Q_i) + COUNTIF(Q_z) \quad (4.43)$$

式中,N 为总干渠、干渠及支渠闸门操作总次数;$COUNTIF$ 为闸门操作计数函数;Q_i 为干渠流量,m^3/s;Q_z 为总干渠流量,m^3/s;i 为干渠渠道序号;n 为干渠渠道总数。

渠系输水损失最小,即:

$$minW_损 = W_{总损} + W_{干损} + W_{支损} \qquad (4.44)$$

式中,$W_损$ 为灌区各级渠系输水总损失水量;$W_{总损}$ 为安地灌区总干渠输水损失;$W_{干损}$ 为安地灌区参与输水的干渠损失水量;$W_{支损}$ 为安地灌区参与配水的支渠损失水量;渠道输水损失与渠道正常运行流量、输配水时间、渠道水利用系数、渠道长度及衬砌情况、渠床特性等有关,可采用理论计算公式结合实测数据修正。

渠道输水过程中的流量变化最小,即:

$$minSC_V = C_{总V} + C_{干V} \qquad (4.45)$$

式中,SC_V 为主干渠和干渠的输水过程流量变异系数;$C_{总V}$ 为主干渠的流量变异系数;$C_{干V}$ 为各条干渠的流量变异系数。

④约束条件

按照灌区渠道运行的要求,该模型的约束条件包括:

A. 支渠配水流量约束。实际配水流量为设计流量的 0.6—1 倍,即:

$$q_d = \alpha q_{d设} \qquad (4.46)$$

式中,q_d 为第 d 条支渠实际配水流量,m^3/s;$q_{d设}$ 为该支渠设计流量,m^3/s;α 为实际流量与设计流量比值,取值为 0.6—1.0。

B. 最大轮期约束。渠系总配水时间小于根据灌溉预报计算确定的允许最大总配水时间,即:

$$t_总 = t_{max} \qquad (4.47)$$

式中,$t_总$ 为渠系总配水时间,s;t_{max} 为允许最大总配水时间,s,根据预报的灌水中间日确定。

其他还有水量平衡约束和上下级渠道输水连续性约束等。

⑤模型求解

多目标渠系配水模型较单目标模型的复杂程度更深,对求解算法的要求也更高,智能进化算法在该方面表现出来的优越性更加显著。遗传算法鲁棒性强、搜索度高,且适合求解整数规划问题,本项目采用此算法求解模型。

遗传算法基本思想是:模拟达尔文生物进化论的自然选择和遗传学机理的生物进化过程的计算模型,是一种通过模拟自然进化过程搜索最优解的方法。该算法通过数学方式,利用计算机仿真运算,将问题的求解过程转换成类似生物进化中染色体基因交叉、变异等过程。在求解较为复杂的组合优化问题时,相对一些常规的优化算法,遗传算法通常能够较快获得较好的优化结果。求解步骤如下:

A. 在决策空间中随机生成初始的若干可行解,不可行解被淘汰。

B. 多目标函数的处理采用加权和法转换为单目标问题,先进行各个目标函数无量纲化,再进行权重赋值,将转换后的目标函数作为适应度函数。适应度函数采用如下公式:

$$f = -\lambda_1 \cdot \frac{1}{N} + \lambda_2 \cdot W_{损} + \lambda_3 \cdot SC_V \qquad (4.48)$$

式中,f 为适应度函数;λ_1、λ_2、λ_3 为各项目标函数的权重;N 的单位为次,其余均为无量纲。各干渠闸门操作次数为正整数,$1/N$ 的取值范围为 $(0,1)$,$1/N$ 目标函数为最大化,$W_{损}$ 和 SC_V 均为最小化,可将最大化目标函数乘以 -1 转换为最小化。适应度函数值越小,代表配水方案越好。

C. 采用轮盘赌方法进行后代选择操作,采用交叉和变异增加后代的多样性,交叉和变异后的子代若为不可行解,则舍去,采用精英保留方法保留当前优化状态下的最优解。

D. 设置最大迭代次数为 1000,适应度函数理想值和最大迭代次数作为优化终止条件,并从最后一代群体可行解中选出最优解。

⑥模型运行结果评价

得到渠系各干渠运行方案,并与经验法确定的渠道运行方案进行比较,评价模型运行结果。

4.3.2.5 灌区工程安全监测模型

(1)总体目标

在灌区安全监测数据的基础上建立灌区工程安全监测模型。该模型主要包含渡槽安全监测分析模型、渠系风险分析模型。

(2)建设内容

①渡槽安全监测模型

渡槽安装监测自动化采集设备,通过无线传输传至安全监测云平台,通过模型设置渡槽安全监测预警级别、预警参数、预警方式、预警逻辑。

②渠系风险分析模型

根据渠系的历史水位资料,设置渠系警戒水位、预警级别、预警方式、预警逻辑等内容,构建渠系的漫堤风险分析模型以及预警模型。

③入侵监测分析模型

基于安地灌区的安全防范考虑,对有设置主动安全入侵预警功能的警戒摄像头构建入侵监测分析模型,入侵监测分析主要实现对预警类别、预警方式、预警广播音频内容、预警逻辑的设置。

④视频 AI 预警分析模型

该模型将数据传输到金华数字河湖管理平台,并读取金华数字河湖管理平台传回的视频预警信息。预警类型主要包含漂浮物和人员监测预警。

4.3.3 灌区三维模型

采用低空倾斜摄影测量的三维建模技术,构建灌区工程数字化三维模型,针对项目需求实现浏览、数据编辑与叠加。工程建模及三维仿真数据库的建设将包括基础数据、工程综合数据和辅助管理及分析的其他空间数据整理入库。其中,基础数据包含建筑物数据、影像数据、地形数据、三维模型数据和其他专题数据等。

三维模型库及仿真基于 3DGIS,结合无人机倾斜摄影模型数据采集方式,对水库大坝和部分库区进行三维仿真,真实、立体地展现工程全貌。

灌区三维模型将实现水利工程、设施、设备等的相关参数、工况数据,以及各类监测数据的查询和展示;实现事故预警功能;实现与工程运行管理相关的空间分析功能;达到更加科学管理的目的,为用户提供辅助决策支持。

4.3.3.1　实景三维模型(倾斜摄影)

通过倾斜摄影技术,获得同时段同位置多个不同角度、具有高分辨率的影像。基于航测采集的含有丰富的地物纹理和位置信息的数据建立的高质量高精度的三维模型。安地灌区主要渠系三维模型数据处理及建模指标要求如下:

(1)外业航摄要求

为保证模型成果完整性,针对带状区域,外扩比例需适当放大,总体外扩范围应以保证测区模型完整性为准。相片航向重叠度不低于 80%,旁向重叠度不低于 70%,需满足倾斜摄影建模的要求。

(2)像控点布设要求

在像控点布设时一般先到合适点位,在航飞作业前采集像控点坐标。有明显标识的利用标识点作为像控点,例如采用地面道路标识线;若无明显标识线,则在硬化的路面进行喷绘像控点。

（3）三维模型精度要求

水渠全域有坝体建筑或两岸有居民区房屋的，保证三维建筑模型不畸变，纹理清晰自然无拉花，水面玻璃等高反光区域纹理、形态正常。

（4）数据格式

数据格式 OSGB。三维数据应以所见即所得的方式真实反映城市原貌，所有地形、地物形状、色彩、亮度、对比度和清晰度都应是真实的。

（5）数学基础

平面系统：CGCS2000 坐标系。

高程系统：1985 国家高程基准（二期）。

（6）模型修饰

①数据完整美观性

数据底部无碎片；数据边缘裁切整齐，以提供 kml 为准；数据纹理整体上无明显色差；纹理需经过去雾、色彩增强等处理。

②水域

水面修整。

③马路：四车道

道路置平，道路纹理无明显错位；删除明显漂浮物，有特殊要求除外；删除半截残留的路牌、树干等。

4.3.3.2 BIM 模型

灌区 BIM 模型选取卢家闸构建 BIM 模型。BIM 技术是 Autodesk 公司在 2002 年率先提出的，已经在全球范围内得到业界的广泛认可，它可以帮助实现建筑信息的集成，从建筑的设计、施工、运行直至建筑全寿命周期的终结，各种信息始终整合于一个三维模型信息数据库中，设计团队、施工单位、设施运营部门和业主等各方人员可以基于 BIM 进行协同工作，有效提高工作效率，节约资源、降低成本，以实现可持续发展。

BIM 的核心是通过建立虚的建筑工程三维模型,利用数字化技术,为这个模型提供完整的、与实际情况一致的建筑工程信息库。该信息库不仅包含描述建筑物构件的几何信息、专业属性及状态信息,还包含了非构件对象(如空间、运动行为)的状态信息。借助这个包含建筑工程信息的三维模型,大大提高了建筑工程的信息集成化程度,从而为建筑工程项目的相关利益方提供了一个工程信息交换和共享的平台。并在平台中实现基于 BIM 模型的浏览,实现快速 BIM 模型定位,提供墙体透明、部分透明、初始材质的切换,提供 BIM 模型构建属性的查询。

4.3.3.3　灌区三维预处理、优化及发布

(1)建设内容

①灌区三维轻量化预处理主要是对数据进行压缩及优化,以减少模型规模、降低内存使用量、加快显示速度。

②灌区三维模型的数据偏差处理是通过统一坐标系,解决数据偏移问题,利用相关软件调整模型数据,实现平台间三维数据格式的兼容和共享。

③灌区三维数据库构建包含倾斜摄影,全景等数据以及工程数据的管理。

④灌区三维服务构建通过 3D 软件对三维模型进行集成发布,并根据系统功能开发要求提供不同类型的数据格式。

⑤灌区三维服务发布轻量化三维场景,并发布三维服务数据,实现三维地图服务的调用。

(2)灌区三维轻量化预处理

与以二维地图为基础的信息系统相比,三维可视化的展示平台以地形表面模型为基础,利用计算机图形学的相关技术来表现地学现象。其中,数字高程模型(Digital Elevation Model, DEM)因为具有高效易用且表现形式丰富等特点,应用最为广泛。数字高程模型本质上是一种高程 z 关于平面坐标 x、y 自变

量的连续函数。在一定区域内,以密集地形点的三维坐标(x,y,z)形式来描述地形的起伏状况。根据地形点的离散分布情况,数字高程模型可分为规则格网模型和不规则三角网模型。

在规则格网模型中,地形空间区域以规则的矩形或三角形网格单元来表示,每一个网格结点的空间属性对应于该地形点的高程值。当网格点的间距和某参考点的实际坐标确定后,网格数据便可以用矩阵的方式来实现,此类地形数据在计算机中可以存储为二维数组或灰度图像。不过,规则格网在表达较为平坦的地形区域时会带来较多的数据冗余,而对于地形突变等复杂形态,该模型的表达效率也不高。

不规则三角网模型可以比较有效地解决规则格网模型应用时遇到的一些问题,包括根据地形起伏的变化提取不同数量能够表示地形特征的采样地形点,即对于地形起伏较大的区域提取多一些,对起伏较缓的区域提取少一些。但是,不规则三角网模型的数据存储较为复杂,不仅需要记录所有地形坐标点的信息,还需要存储这些点间的拓扑关系。当场景范围较大时,模型计算耗时严重,且模型实现算法相对困难。综合考虑以上各种因素,本项目采用规则格网模型,以降低数据的处理难度,并提高系统的运行效率。

在大范围场景下的地形三维可视化渲染中,使用规则格网模型表示的地形往往格网数量较多,实时渲染的计算复杂度较高,影响了显示的流畅性。为了缓解三维场景地形渲染时的压力,一般采用细节层次(Levels of Detail,LoD)模型来简化表示。

LOD的基本原理是通过一定的简化手段来表达同一物体在不同层次的形态。当观察者的视点靠近物体时,用详细的模型来表示;当视点远离物体时,则用简化的模型来表示。由于距离的关系,远处的简化模型与近处的详细模型看似接近,这也符合人类在实际空间中对于物体的认知规律,即只有在靠近某个物体的时候才能看到其细节特征。

通过 LOD 模型可以控制场景中所需渲染的格网数量,从而获得较好的加速渲染效果。地形的 LOD 模型一般为地形金字塔结构,将原始地形的格网数据作为最底层,通过重采样方法,将下一层数据简化,得到分辨率小一半的地形模型作为上一层。在渲染时,首先计算观察者的视点距地形的距离,并根据距离的远近调用不同细节层次的模型,以提高地形渲染的效率。

(3)灌区三维大场景优化

①影像数据预处理

应用种植物遥感识别获取的影像数据,并对影像数据进行预处理,主要包含影像数据的格式转换、坐标系统建立及转换、影像几何校正、影像裁剪、影像匀光匀色、影像镶嵌等。

②地形数据预处理

可采用收集的基础地理数据,结合可收集到的 DEM(数字高程模型)数据。为了构建精细化地形数据,需要对以上数据进行预处理,处理过程包含异常值去除、地形校正、地形拼接、创建 TIN(曲面数据结构)、地形填注、地形修改等。

③影像与地形的融合

通过 GIS 平台,导入处理后的影像数据和地形数据,对数据进行地理参数设置、色彩直方图调整、场景范围裁切、高程设置等。最后建立影像和地形的缓存文件,便于流畅地分级展示三维场景。

采用 GIS 平台对卫星影像、数字高程模型等进行数据预处理,构建三维地表场景,实现三维 GIS 的初步搭建。对于处理并搭建好的三维地表场景,在开源平台进行发布。

(4)灌区三维模型的数据偏差处理

三维模型的导入和调试匹配是针对不同引擎的开发环境下所产生的问题给出相应解决方案的过程。

①数据偏差纠正

在基于 GIS 的开发引擎中，通常会因为坐标系的不同而存在数据的偏移，因此，模型在导入系统比对后，需利用三维软件进行二次修正。

②引擎底层算法不同产生的问题

在多引擎的开发环境下会出现模型数据兼容性的问题，通常系统在表现一些高级效果时需要对相关模型做特殊处理，这些特殊处理的方式往往来自三维软件的高级算法，而这类算法并不是每个引擎都支持的。所以，一方面本项目在做这类高级效果时选用开源度高的三维软件，如 blender；另一方面，根据相应需求，给出针对该引擎底层算法的解决方案。

③其他问题

如针对模型本身问题、系统表现效果问题（不同引擎的渲染效果不同，有好有坏）、数据量问题（单体模型数据量小，但是场景大，模型总量大），项目实施过程中也会给出相应的解决方案。

4.3.3.4　灌区三维数据库的构建

三维数据库的组成包括业务数据库、三维模型库、倾斜摄影数据库 3 个基础库。其中，业务数据库包含灌区中水利工程要素的静态信息等。三维模型库包含 GIS 大场景、BIM 模型等三维数据资源，以及与模型相关联的属性等信息。对于三维数据库的管理通过瓦片金字塔技术对遥感影像进行结构优化，实现 TB 级影像数据的存储管理，从而实现无缝镶嵌与快速浏览发布。

对于矢量数据，采用地图查看分离的存储技术，以金字塔模式对显示用地图数据进行优化并存储，以关系数据库模式对查询用地图数据进行存储。优化存储后，系统可以有效提高对矢量数据的存储管理能力，并实现矢量数据与影像数据的无缝集成。

数据库在存储安全、访问安全、发布安全 3 个方面进行了设计。

(1)数据库存储安全

在系统中,数据库存储安全管理包括对数据存储位置的安全设计和存储管理的安全设计两个方面。

在数据存储位置安全设计中,系统对不同的数据采用不同的存储模式进行设计,而在数据访问层,系统则通过数据配置字典对数据进行检索,这样就保障了数据库可以分布式部署,避免了数据过于集中带来的安全隐患。

在数据存储管理安全设计中,系统采用成熟的数据库系统作为空间数据和属性数据的存储平台,并在系统管理时设计数据库备份机制。通过备份保障,在数据灾难发生时数据可以尽快恢复,减少损失。

(2)数据访问安全

在系统中,数据访问安全机制包括用户安全控制和访问过程控制两个方面的设计。

对于访问数据库的用户,系统根据用户单位和工作性质的不同,对用户设置分级的权限控制,以此保障系统数据在访问时不会遭到盗取和攻击。

而在用户访问数据库的过程中,分布在不同网络节点的数据库、功能服务器之间可以设置防火墙、用户认证服务器等安全设施,以此拒绝非法用户访问,提高系统的整体安全性。

(3)数据发布安全

在对数据进行发布的过程中,系统服务器采用加密坐标服务和分区金字塔发布方式保障数据坐标的安全性,并避免数据被整体下载泄密。

4.3.3.5　灌区三维平台架构

三维数据的前端展示问题是三维数字平台的关键环节。

WebGL 是当前发展最迅速的三维渲染技术之一。2009 年 8 月,Khronos 公司推出了 WebGL 这个支持在浏览器端绘制三维图形的底层 API,它具有免费和跨平台性。OpenGLE2.0 是 OpenGL 的 子 集,Web GL 使用 JavaScript 调用底层的 OpenGLES2.0 进行三维图形绘制,提供与 OpenGL 相似的 API 接口。

WebGL 使用时无须在前端浏览器安装插件,能直接通过 JavaScript 脚本语言在 HTML5 的 canvaS DOM 中绘制三维图形,并可提供显示设备的 GPU 加速。而且,当前的绝大多数浏览器和移动设备都支持 WebGL 技术。

相比 VRML、Flash3D、Java3D、X3D、O3D 等当今主流的三维表现技术,WebGL 完美地解决了它们存在的不足。其主要优势有:

(1)WebGL 标准开放,任何用户无须支付版权费用即可使用;

(2)WebGL 内嵌于本地浏览器,无须安装插件,支持在不同硬件设备上的不同浏览器运行;

(3)WebGL 能加速 GPU 进行图形绘制,提升了图形渲染的效率和质量。

WebGL 三维渲染技术的出现,完美解决了浏览器端需安装插件的问题,但 WebGL 仍是一个底层的绘图 API,因此,需在此基础上应用三维引擎对其进行封装。

目前市场上三维场景发布常见的 3D 引擎有 Cesium、Three.js、SkylineGlobe、ArcGIS、Unity3D 等,在数据编辑或者集中应用工程上各有侧重点及优劣势。

Cesium 是 AGI 公司研发的三维地球虚平台,无须安装插件即可在浏览器端运行,支持 GPU 加速,可对二维、三维 GIS 要素进行渲染,具有极强的 GIS 数据动态展示能力。Cesium 能接入符合 OGC 标准的任何 TMS、WMS、WMTS 地图服务,可加载 Bing Maps、Map Boxs、Open Street Map 等网络地图,支持三维瓦片地图服务。与此同时,它提供的 3Dres 技术解决了三维模型服务中的一些难题,表现突出。Cesium 使用 Apache 协议,是一款免费、开源、跨平台的 WebGIS 表现图层。

　　Cesium 按层抽象,每层具有特定的功能特性,上层依赖下层,底层是上一层的抽象,具体可分为核心层(Core)、渲染层(Render)、场景层(Scene)、动态场景层(Dynamic Scene)。核心层:Cesium 最底层,本层主要有封装坐标系统、坐标变换、矩阵变换、几何算法等与数学相关的功能;渲染层:本层使用 WebGL 的 API 封装或者抽象 WebGL,主要包含调用 WebGL 的纹理缓冲区和 GLSL 着色器语言等功能;场景层:本层是在核心层及渲染层的基础上构建的完整三维场景,包括三维虚的地球框架和在球上绘制的各类二维、三维模型等,还含有时间动画等动态元素;动态场景层:本层封装了 Cesium 加载的各类地图、三维模型等数据,并对这些对象进行渲染。通过 Cesium 提供的 JS API,可以实现以下功能:高精度的地形和影像服务;矢量以及模型数据;基于时态的数据可视化;多种场景模式(3D、2.5D 以及 2D 场景)的支持,真正的二三维一体化。

　　Cesium 平台具有开源性、易用性、专业性的优势:

　　(1)开源性:Cesium 使用 Apache2.0 协议,开发者可对其源码进行研究,以便更好拓展三维 GIS 函数库,按需解决三维 GIS 网络服务中遭遇的问题;

　　(2)易用性:Cesi 官方网站有丰富完备的学习文档、开发方法和代码示例,在 github 上相关内容更新活跃,国内相关论坛有不少有关 Cesium 的探讨和交流;

　　(3)GIS 专业性:Cesium 引擎支持各类 GIS 常用数据和功能服务的加载接入,具备同时进行三维模型数据和三维地形数据展示的能力。

Threejs 是一款在浏览器中运行的 3D 引擎,是 JavaScript 编写的 WebGL 第三方库,提供了非常多的 3D 显示功能。可以创建多种三维场景,包括摄影机、光影、材质等各种对象。Threejs 对 WebGL 进行了封装,让前端开发人员在不需要掌握很多数学知识和绘图知识的情况下,也能够轻松进行 Web 3D 开发,降低了门槛,同时大大提升了效率。

为保证系统的三维展示效果、加载速度以及模型数据量的兼容度,本项目选用 Cesium 和 Threejs 作为系统三维部分的开发框架。

4.4 安地智慧灌区的云应用

4.4.1 灌区综合地图

综合地图是指基于地理空间信息和业务基础数据,集成监管、审批、服务等业务流程,以地图形式标示业务现状、成果等数据,实现业务监督的数据资源体系和业务系统。

灌区综合一张图基于浙江省水利一张图,进行基础空间要素、水利基础空间要素和水利专题要素数据的整理加工,开发地图共享服务(同数据服务共享),并与省水利一张图实现数据共享。水利行业地图作业平台采用 CGCS2000 国家大地坐标系、1985 国家高程基准,并以经纬度为单位存储,主要以全省 1∶10000 比例尺基础地理数据为主,覆盖了浙江省全部陆地范围和绝大部分岛屿。

利用"灌区一张图",实现地图定点查询、分类查询、地图自定义查询,同时可通过地图浏览服务,实现地图的放大、缩小、漫游、测距、量面、标绘等基本地图浏览功能。

（1）灌区综合一张图构建

根据地图使用需求、地图主题，创建包括水文、流域、行政区划等的空间一张图、水利工程专题一张图、感知数据专题一张图等。按照地图主题的要求，突出并完善相关要素，确定地图显示比例尺及相应比例尺下要素内容量，对要素进行符号化和标注。

①地图要素组织

空间信息服务按金字塔分级组织。各层级的数据组织须确保同层级内各要素类内容有适宜的载负量，要素之间关系协调、层次分明、主题明确，并保持对象分布的地理特征。

地图服务发布的显示分级将遵循《地理信息公共服务平台电子地图数据规范》（CH/Z 9011-2011）20 个层级金字塔划分，相邻层级之间图像地面分辨率或矢量图显示比例尺呈整倍数关系。根据金华市行政区划面积，选用的地图显示表达层级主要为 9—16 级。县区级根据其行政区划面积不同，地图层级可适当增大。地图表达层级自大至小，内容应随之由繁至简，平缓过渡。

②地图要素层叠放

根据不同的水利应用场景，要素组织应综合考虑业务关注程度、交互要求及要素拓扑类型，选择适宜的压盖与叠放顺序，保持各要素层之间关系协调、层次分明、注记得当。按业务关注程度，依次选择特定的水利专题要素类及其特征指标、与之相关联的水利基础要素、必要的基础地理要素。涉及互操作的要素类，应叠放在仅需满足浏览需求的要素类之上。应按照点压盖线、线压盖面（或影像）的原则，依次叠放不同拓扑类型的要素层，如水闸、泵站应压盖堤防，堤防应压盖河流，河流应压盖影像。

③地图要素内容抽取

灌区综合地图显示表达层级为 9—16 级。在每一层级，均应围绕应用主题选取关注的各水利专题要素类,并依照其依赖关系,选取相应的水利基础要素类和必要的基础地理要素类,并保持三者间的协调一致。从一个要素类中抽取对象个数的多少,以满足特定场景应用要求为准,并兼顾适宜载负量。关联要素抽取的数量,须保证同一要素在不同表达层级间内容的连贯性以及不同要素之间业务逻辑的一致性。

④地图符号库制作

参考《水利空间要素图式与表达规范》(SL730-2015)相关标准,创建灌区综合地图的地图符号库。其中,矢量水利地图应遵循《水利空间要素图式与表达规范》相关要求,晕渲水利地图和影像水利地图的要素符号应添加轮廓线,并根据背景主色调,选择合适的轮廓颜色。

(2)灌区综合一张图功能

综合地图基于浙江省水利一张图,集成灌区重点关注的水利要素,以地图图层的形式展示要素的基础信息及动态监测信息,以动静结合的方式展示灌区日常业务信息。综合地图主要展示水库监测、水位监测、雨量监测、闸泵监测以及墒情监测等内容。

①水库监测

提供安地灌区边界线内的所有水库、山塘实时水位、汛限水位、可供水量以及蓄水率;可通过筛选或搜索的方式查询水利工程信息;提供水库、山塘要素的地图与图表互动查询及定位;提供水库相关的监测信息、工况信息、基本信息以及视频监控的查询。图4-7、图4-8、图4-9为水库监测设计图。

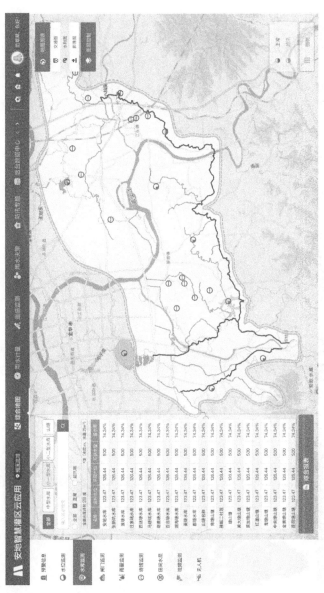

图 4-7 灌区综合地图之水库监测设计图

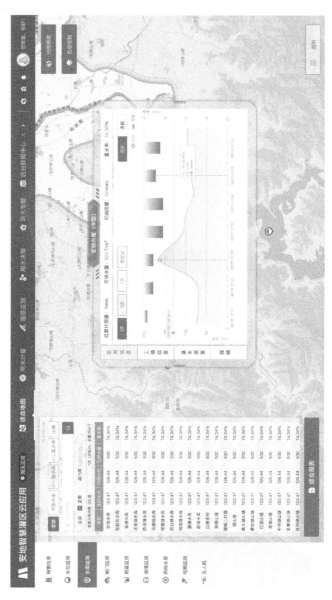

图 4-8　灌区综合地图之水库监测详情设计图一

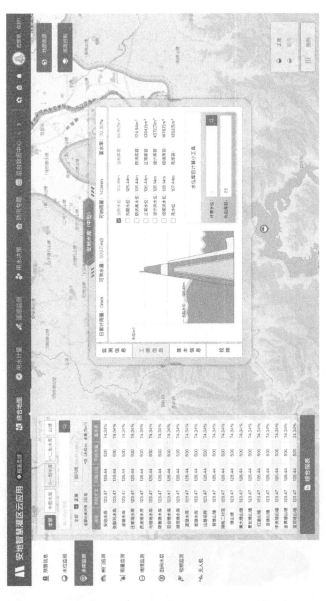

图 4-9　灌区综合地图之水库监测详情设计图二

②水位监测

提供水库、渠道、山塘水位信息的查询，并提供筛选、搜索功能；提供地图与图表互动查询及定位；提供监测站的实时水位过程线图以及 1 天、3 天、7 天或者自定义时间的历史水位过程线的查询。图 4-10 为水位监测设计图。

图 4-10　灌区综合地图之水位监测设计图

③雨量监测

提供安地灌区内气象站和水文站降雨量情况的查看功能。在站点查询下，通过筛选功能，可以展示不同时段的累计降雨量情况，点击过程降雨量则展示逐时或逐日的降雨情况；在空间分析下，则分别对行政区域和灌片进行雨量统计。图 4-11、图 4-12 为雨量监测相关设计图。

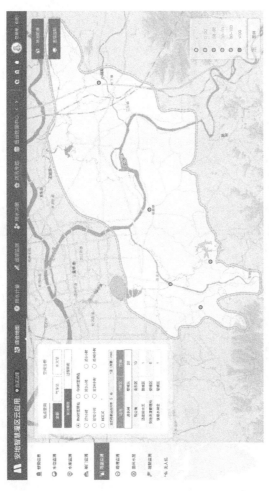

图 4-11　灌区综合地图之雨量监测设计图

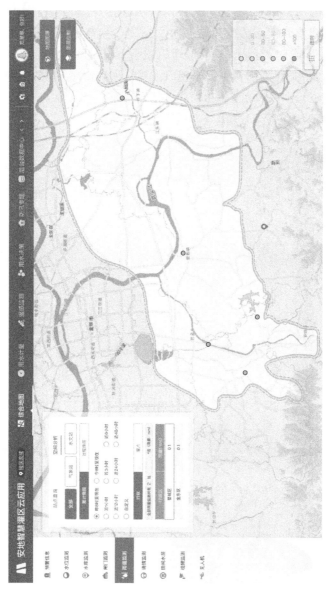

图 4-12 灌区综合地图之雨量监测空间分析设计图

④闸门监测

提供安地灌区内水闸启闭的运行情况,可以对闸门的手/电动、所属行政区域以及功能进行筛选或搜索;提供单个水闸的闸门的实时监测、工程特性以及闸门实况图。图 4-13、图 4-14 为闸门监测相关设计图。

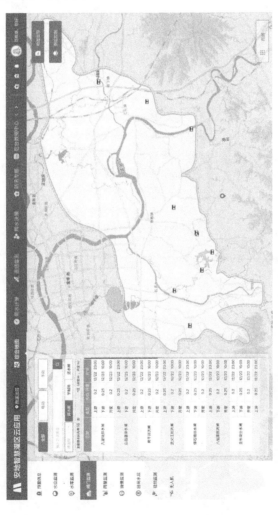

图 4-13　灌区综合地图之闸门监测设计图

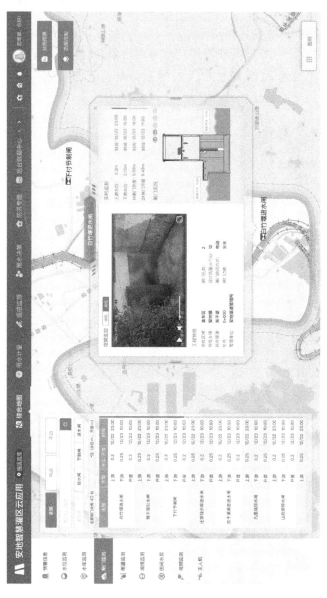

图 4-14 灌区综合地图之闸门监测详情设计图

⑤墒情监测

提供安地灌区的土壤含水量监测信息，可实时、准确反映被监测区域的土壤水分变化；点击墒情监测站，提供该墒情监测站的基本信息，以及该监测站的土壤温度、土壤含水量的历史过程线图。图 4-15、图 4-16 为墒情监测相关设计图。

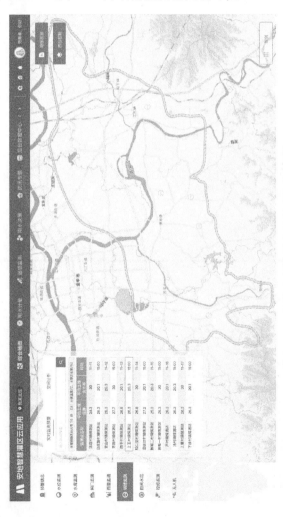

图 4-15　灌区综合地图之墒情监测设计图

165

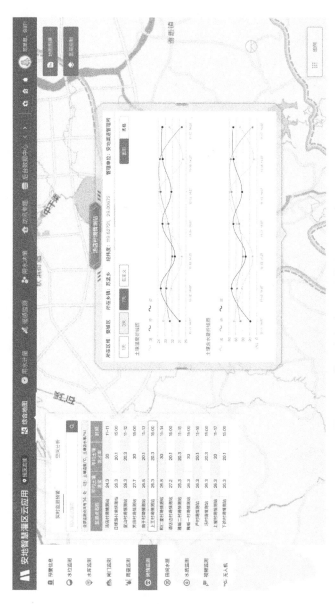

图 4-16 灌区综合地图之琦情监测详情设计图

4.4.2　灌区遥感监测

灌区遥感监测主要包含种植面积分析、近 3 年耕地种植物变化、实灌面积分析、农灌水量核算、统计报表。为管理者准确了解并掌握灌区内的种植物情况及变化提供依据。种植物遥感监测基于卫星影像提取的作物范围,依据种植物遥感识别模型识别灌区种植物结构。

(1)种植面积分析

依据高精度的卫片,实现灌区内不同时段典型作物种植面积的查询、分析、统计;点击"耕地面积",展示灌区基本信息和详细信息。基本信息包括灌溉面积、农用地面积、有效灌区占比,详细信息包括各乡镇、街道的灌溉面积,如图 4-17 所示。

(2)耕地对比

选择历史任意 2 年或 3 年的耕地种植面积进行对比,通过柱状图显示各乡镇、街道的耕地变化。可通过地图的图层控制调整地图透明度,在地图中观察灌区的耕地面积变化情况,如图 4-18、图 4-19 所示。

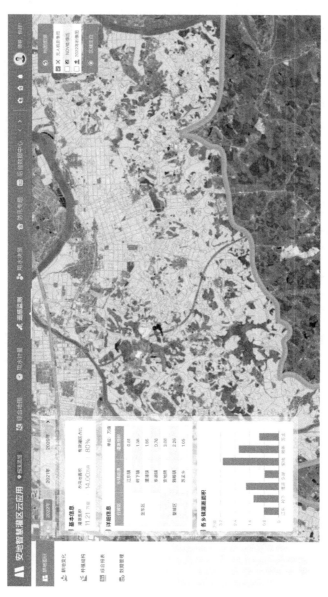

图 4-17　种植面积分析设计图

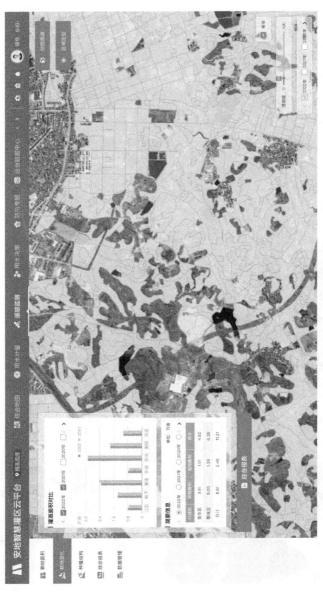

图 4-18　耕地对比设计图

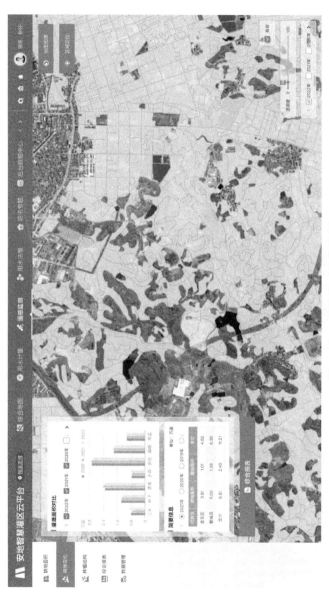

图 4-19 3年耕地对比设计图

(3)实灌面积分析

实现通过时空融合的卫片,实现灌区内农田面积、类型的查询、统计,如图 4-20 所示。

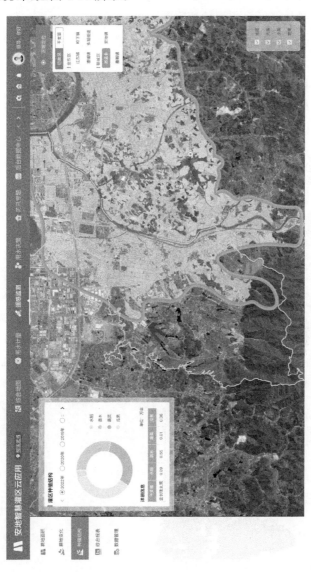

图 4-20　实灌面积分析定位查询设计图

种植结构展示当年灌区种植物类型以及各乡镇的各类种植物面积。同时提供历年种植物结构的切换。以不同颜色展示灌区种植结构,种植物的图层颜色和统计图颜色一致,通过地图的图层控制分别显示各类种植物的位置。

提供地图区域定位,可分别展示7个乡镇和9个灌片的种植结构。

(4)农灌水量核算

实现不同区域、不同时段农田灌溉水量的动态监测、核算、查询、分析。

(5)统计报表

实现对历史农灌水量核算报表的查询、统计、导出。

4.4.3 用水决策管理

用水决策管理主要由基于多源感知实时灌溉预报模型、灌区渠系多目标动态配水模型、灌区灌溉决策模型实现,使管理者能够掌握调度灌区决策用水情况。

(1)选择预报时间、预见期,以及预报降雨方式,点击"预报计算",预报结果会展示在右侧边栏,同时计算方案管理区域显示方案。右侧边栏除展示预报结果外,还展示实时土壤墒情、种植作物类型、历年用水计划等信息,辅助查看预报结果,如图4-21所示。

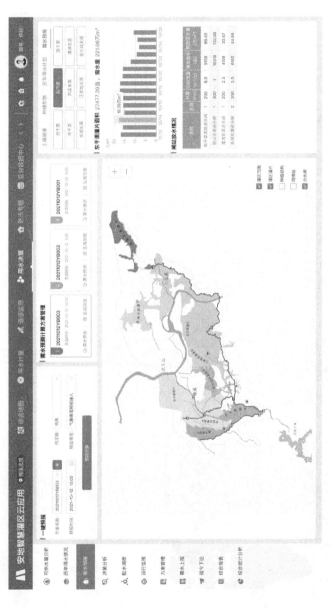

图 4-21　灌区需水预报设计图

需水预报结果分 9 个灌片展示，提供未来 15 天的需水量预报。点击不同的灌片，可查看相应具体信息。比如主干渠，通过统计图可以查看预报灌片的每日需水量。同时，页面下方也提供每个灌片的闸站放水情况，如图 4-22 所示。

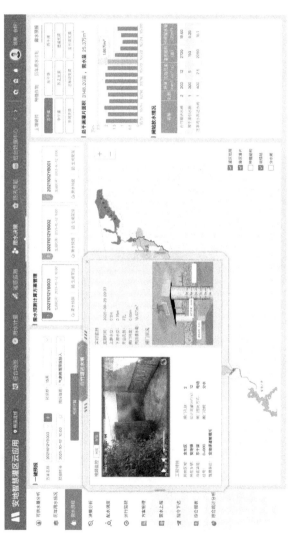

图 4-22 灌区需水预报图之闸站查询设计图

（2）提供种植作物查询，可以查看种植作物的结构和详细信息，如图 4-23 所示。

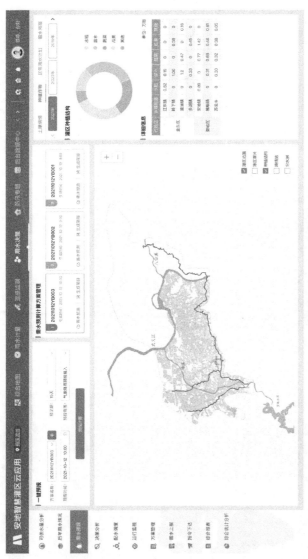

图 4-23　灌区需水预报图之种植物查询设计图

（3）提供实时土壤墒情查询，可以查看具体的墒情点的土壤湿度和土壤温度信息，如图 4-24 所示。

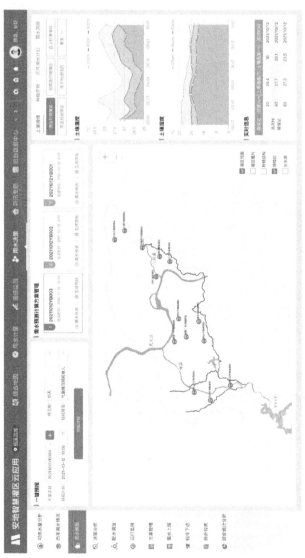

图 4-24　灌区需水预报图之土壤墒情查询设计图

（4）提供历史用水计划查询，可以查看近 3 年的灌溉用水计划和详细信息，如图 4-25 所示。

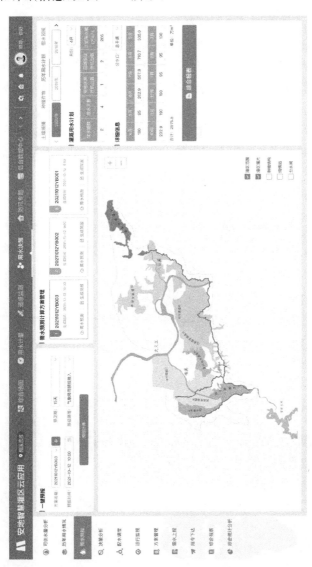

图 4-25　灌区需水预报图之历年用水计划查询设计图

4.4.4 联合调度

4.4.4.1 联合调度模型建立

联合调度是实现作物需水自动研判、调度决策自主学习、配水调度的前提条件,因此需要将灌区内作物和需水量预报作为影响因素,并根据水资源分布情况,建立每个灌区的调度优化模型。

令 H_i^k 表示水库 i 的储水量 k。考虑到水库 i 分配到灌区所有水量 k 不超过水库 i 的水量 k 的总存储量,则水库存储量约束如下:

$$\sum_j W_{ij}^k \leqslant H_i^k, \forall i, k \qquad (4.49)$$

式中,W_{ij}^k 表示储备水库 i 分配到灌区 j 的水量 k。

为了避免浪费和有效利用水资源,则要求所有水库到灌区 j 的水量 k 不超过灌区 j 对水量 k 的需求量 J_j^k,则需求水量约束如下:

$$\sum_i W_{ij}^k \leqslant J_j^k, \forall j, k \qquad (4.50)$$

考虑联合调度尽可能满足灌区对水资源的需求,则灌区 j 的水量满足率如下:

$$R_j = \sum_k \sum_i W_{ij}^k / \sum_k J_j^k \qquad (4.51)$$

式中,R_j 表示灌区 j 的水量满足率。

在灌区方面,每个灌片都希望自身需要的水量满足率最大,则可建立每一个灌片 j 的调度优化模型,如下式:

$$\left. \begin{aligned} &\min(D_j / R_j) \\ &\text{s.t.} \sum_i W_{ij}^k \leqslant J_j^k, \forall k \\ &W_{ij}^k \geqslant 0, \forall i, k \end{aligned} \right\} \qquad (4.52)$$

4.4.4.2　联合调度模型求解

联合调度优化问题是多目标优化问题,因此,引入 Pareto 非支配排序,提出一种基于 Pareto 人工蜂群的多目标调度算法,解决灌片相互竞争的水资源调度问题,获得非支配集合,并根据模型寻找非支配集合中的最优解,从而获得存在多个灌片情况下的权衡调度方案。具体求解原理如下:

(1)食物源初始化

由于传统人工蜂群算法无法直接作用于调度问题的求解,现对问题解进行预编码操作,所提算法使用不定长一维向量编码方式,以解决防汛物资调度决策问题。

①需求优先:不同灌片的灌水需求不同。在同一集合内,根据各个灌片的需求大小,按轮盘赌规则优先将水资源调配给水量需求大的灌片。

②随机分配:随机分配水资源。

每个初始解均由上述 2 种规则产生,其解集比例设置为 30%、30%、40%。然而,上述 3 种操作均可能会造成部分食物源不满足约束。因此,初始化食物源后,需要检查食物源是否符合约束条件。若不符合约束条件,则均需削减被过多分配的水资源。经过食物源修正,可获得满足约束条件的水资源。

(2)适应度值计算

针对调度的紧急性和公平性,建立调度优化模型。在雇佣蜂阶段和跟随蜂阶段,需要计算每一个救援点的适应度 F_j,进行小生境和最小支配集选择等操作,计算如下:

$$F_j = 1/(D_j/R_j) \tag{4.53}$$

完成算法求解后,根据获得的最小支配集,计算其集合内所有食物源的总体评价值 F_z,选择具有最大值的食物源,作为本算法的最优解,计算如下:

$$F_z = D_{ave} \times (x_1 Std_w + x_2 Rat_w)/R_{ave} \tag{4.54}$$

（3）雇佣蜂阶段

按照生成食物源，雇佣蜂在小生境中根据灌区数量，将整个食物源分成多个子类，随后通过变邻域局部搜索操作对每一个食物源附近未知解空间进行搜索，获得多个子代食物源。分析子代食物源和父代食物源的支配关系，获得下一代种群。再通过小生境中的精英保留和排挤策略使得食物源集合大小恢复至初始规模。小生境操作和变邻域局部搜索操作如下。

① 小生境操作

小生境来自生物学的一个概念，是指特定环境下的一种生存环境。生物在其进化过程中，一般总是与自己相同的物种生活在一起，共同繁衍后代。小生境操作就是将每一代个体划分为若干类，每个类中选出若干适应度较高的个体作为一个类的优秀代表组成一个种群，再在种群中以及不同种群之间，采用精英保留和排挤策略产生新一代个体群。

计算各个食物源的适应度值 F_j，对其进行归一化处理，将食物源划入归一化后其适应度值 F_j 最大的子类种群，由此将整个食物源种群划分为多个子类。在其子类种群内部针对最大适应度值 F_j，对食物源进行变邻域局部搜索操作，增强算法的局部寻优能力，获得多个新食物源。若新食物源支配旧食物源，则更新旧食物源；如果旧食物源支配新食物源，则删除该新食物源，或不改变旧食物源，将新食物源放到临时食物源集合。完成变邻域搜索操作后，将食物源集合与临时食物源集合合并成下一代种群。

最后，计算下一代种群中食物源的数量，如果该食物源数量超过初始规模，则在种群中随机选取多个食物源组成排挤成员集合，计算下一代群体中其他食物源和排挤成员的相似性：选择当前食物源，计算该食物源与排挤成员集合中每一个排挤成员在食物源编码相同位置上数值相同的个数，选择最大值作为该

食物源的相同度 A_i，计算在食物源编码相同位置上数值的差值和，选择最大值作为该食物源的差异度 B_i。根据相同度对种群中除排挤成员以外的食物源进行从大到小排序，存在多个食物源相同度一致时，则根据差异度对这些食物源进行从小到大的排序，最终获得排序的食物源。依次淘汰排在前面的食物源，直至种群数量恢复至初始规模，且如果被淘汰食物源为子代种群中的局部最优解或全局最优解，则跳过该食物源，以实现精英解的保留。

②变邻域局部搜索操作

变邻域搜索方法是一种改进的局部搜索方法，它利用不同的动作构成的邻域结构进行交替搜索，在集中性和疏散性之间达到很好的平衡。为方便实现变邻域搜索操作，须将初始食物源转化为多维实数矩阵 Q_{ijv}。其中，i 代表储备仓库（即行 a），j 代表救援点（即列 b），v 代表防汛物资种类（即 b 下属各列），Q 值为防汛物资数量。若某储备仓库无某类防汛物资数量储备，其 Q 值用 Nan 标识符代替 0 值，使得在计算时自动跳过 Nan 标识，以提高搜索效率。根据小生境策略，食物源基于救援点数量被划分为类（即 b_1，b_2，b_3，$\cdots$，b_n 类），对隶属于 b_i 类的食物源中救援点 b_i 进行变邻域搜索，从而提高该救援点的资源调度最优化，提高救援点之间的相互竞争性，得到局部最优食物源。

4.4.5　后台数据中心

(1)成果数字化管理

按照水利信息资源相关标准规范要求，对集成的海量多源异构数据进行质量评估，如水情监测、工况监测、工程基础数据及防汛指标等，利用大数据分析方法提高数据治理效率；根据数据类型及格式，定制开发数据抽取、清洗、转换、融合、加载流程，将原始分散、重复、低质量的数据，治理成为格式统一、类型统

一、单位统一、编码一致、逻辑一致、数源清晰的高质量数据集。
图 4-26 为后台管理设计图。

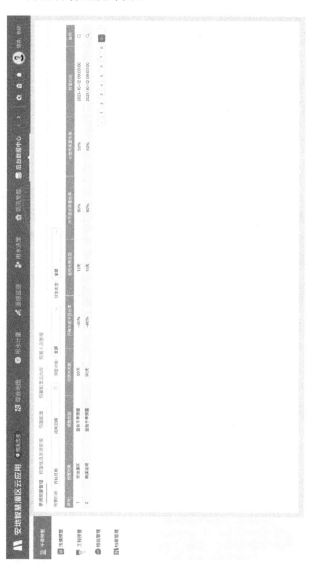

图 4-26 后台管理设计图

（2）预警管理

预警管理主要包含预警后台库、预警配置、预警人员管理、预警信息管理等模块。

预警后台库对安地灌区范围内的雨量站、闸门、水库、墒情站、水质站等数据进行感知预警，以及对渡槽进行安全预警，是视频监控预警的管理后台，可对数据进行编辑、导出等操作，如图 4-27 所示。

图 4-27　后台管理设计图之预警后台库

　　预警配置针对雨量站、闸门、水库、墒情站、渡槽、水质站等数据进行预警配置，如图 4-28 所示。以水库为例，对全部或某一个水库进行预警配置，要设置预警配置条件，如预警规则、预警生效时间、通知人员、通知方式等内容，配置好的预警条件会显示在预警信息表格中。

图 4-28　后台管理设计图之预警配置二

　　预警人员管理为安地灌区所有岗位人员提供对应的预警通知查看服务，如图 4-29 所示。

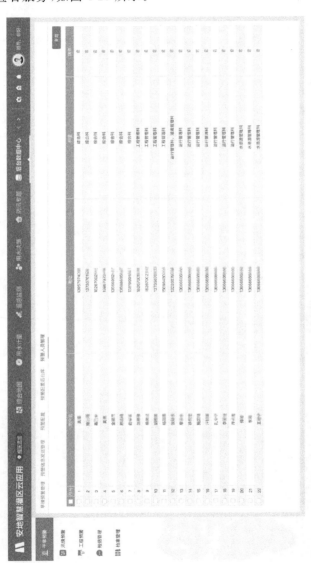

图 4-29　后台管理设计图之预警人员管理

预警信息管理对所有已经发送的预警信息内容进行留痕管理，可以查看预警信息的内容、发送时间、发送人员，如图 4-30 所示。

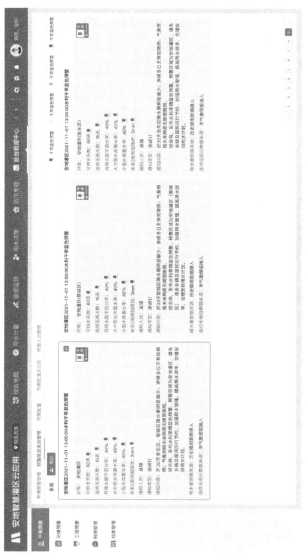

图 4-30　后台管理设计图之预警信息管理

4.4.6　灌溉试验田数字化控制系统

灌溉试验田数字化控制系统主要包含信息汇聚应用场景、预警分析应用场景、作物生长应用场景及灌溉设备远程控制系统。

(1)信息汇聚应用场景

应用场景展示信息采集设备的动态监测信息,监测信息主要包含灌溉区的气象环境监测、水情水质监测、视频监控、灌溉控制实时监测状态等信息。通过气象环境监测获得空气温度、空气湿度、光照度、二氧化碳含量、土壤温度、土壤湿度等信息;通过物联网感知体系获得水质、水位、雨量等信息;通过视频监控获得灌片内的作物生长环境的图像信息;通过排涝泵站以及管网阀门设备获得排涝泵站的开启状态。各类信息以图、表等方式展示到应用场景大屏上,管理者可以实时对灌区的工程设备状态、灌区作物的状态和发展变化进行监视与分析。

(2)预警分析应用场景

预警分析应用场景基于信息汇聚的应用场景,对信息采集设备汇聚的信息进行预警分析,并通过平台端、小程序端、短信等方式给管理人员发送预警信息,提醒管理人员及时关注并查看当前灌片的状况。预警分析主要包含对气象、水情、水质的预警分析和对园区防护的预警分析。预警分析主要根据管理人员的需求,对预警条件、预警规则、预警发送方式进行设置,当触发预警条件时,平台端显示预警信息,并及时向相关人员反馈并发送预警信息。

(3)作物生长应用场景

作物生长应用场景是根据作物的不同生长期,预测作物生长的灌水量需求,同时在充分供水条件下,根据节水灌溉的作物水肥关系及灌溉—施肥综合措施试验,对作物的生长期进行模拟,对灌水量进行在线分析计算,给出作物生长期间灌水操作时间点并精准施肥灌溉。通过农作物类别、时间等不同维度自由组合,对作物生长数据、用户生产数据等多种数据进行分类汇总,为试验站决策者提供可靠、真实的农业大数据分析成果。

第 5 章

金华安地灌区其他方面的建设

5.1 网络安全

5.1.1 通信网络安全防护建设

金华安地智慧灌区在建设过程中,重点是利用先进的物联网感知技术全面感知灌区的要素和运行状态,要求建立人与人、人与物、物与物之间的信息交互及过程。金华安地智慧灌区通过海量数据收集及存储分析来挖掘系统间、人与物之间、人与人之间的联系规律等,这样就导致灌区中存在着大量的信息系统以及这些系统中拥有海量的有价值信息。如何确保这些数据、信息的安全,需要结合安地智慧灌区安全通信网络对通信安全审计、通信数据完整性、保密性传输、远程安全接入防护等安全设计要求。安全通信网络防护建设主要通过通信网络安全传输、通信网络安全接入,以及通信网络安全审计等机制实现。

(1)网络架构

金华安地智慧灌区在网络架构设计上重点关注以下方面:一是划分不同的子网,按照方便管理和控制的原则为各子网、网段分配地址段;二是避免将重要网络区域部署在网络边界处且没有边界防护措施。

(2)通信传输

金华安地智慧灌区的通信安全传输满足了业务处理安全保密和完整性需求,避免因传输通道被窃听、篡改而引起的数据泄露或传输异常等问题。

(3)可信验证

对金华安地智慧灌区的通信设备系统的引导程序、系统程序、重要配置参数和通信应用程序等进行可信验证,在检测到其可信性受到破坏后进行报警,并将验证结果形成审计记录送至安全管理中心。

5.1.2　安全区域边界防护建设

金华安地智慧灌区为了更好地打造信息网络安全区域边界,使用区块隔离的方法来达到网络边界的有效控制和防御,边界间增加了包括附加的防火墙和入侵检测等设备。不同区域划清边界,通过应用服务、中间件、镜像文件和用户隐私鉴别等手段来跨越边界和数据互联。区域内的业务尽量采用虚拟化控制策略来防止非授权情况下的接入,安装虚拟机防火墙防止病毒越界蔓延,以保证出现问题后风险最小化的控制原则。

(1)边界防护

网络划分安全区域后,在不同信任级别的安全区域之间形成了网络边界。目前存在着互联网、跨边界的攻击种类繁多、破坏力比较强等问题。要在划分的不同域之间部署相应的边界防护设备进行防护。

通过部署边界防护设备,保证跨越边界的访问和数据流通过边界设备提供的受控接口进行通信。

(2)访问控制

区域边界访问控制防护需要通过在网络区域边界部署专业的访问控制设备(如下一代防火墙、统一威胁网关等),并配置细颗粒度的基于地址、协议和端口级的访问控制策略,实现对区域边界信息内容的过滤和访问控制。

(3)区域边界网络入侵防护

区域边界网络入侵防护主要在网络区域边界/重要节点检测和阻止针对内部的恶意攻击和探测,诸如对网络蠕虫、间谍软件、木马软件、溢出攻击、数据库攻击、高级威胁攻击、暴力破解等多种深层攻击行为,进行及时检测、阻止和报警。

(4)防火墙系统

建议在系统的互联网接入链路与核心交换机之间、数据中心与核心交换机之间分别串联部署下一代防火墙,实现内外网安全隔离和内部不同网络区域之间的安全隔离。通过设置相应的网络地址转换策略和端口控制策略,避免将重要网络区域直接暴露在互联网上或与其他网络区域直接连通。

(5)无线网络安全管理

无线网络安全管理主要用于限制和管理无线网络的使用,确保无线终端通过无线边界防护设备认证和授权后方能接入网络。无线网络安全管理通常包括无线接入、无线认证、无线防火墙、无线入侵防御、无线加密、无线定位等技术措施。

5.1.3 安全计算环境防护建设

通过安全计算环境的控制节点,规定了智慧灌区信息系统所需要达到安全要求的各个维度。在不同的视角维度,相应地设定了相关的目标要求。例如,在智慧灌区运用的身份鉴别中,部署了两种组合的鉴别技术对用户身份进行鉴别,以达到身份认证的维度要求;在安全审计维度,对物理机、宿主机、虚拟机、数据库系统等进行计算安全控制。通过发挥网络计算环境中的安全框架,首先满足所有计算实体完整性的有效度量优势,同时保证了用户终端在域间数据计算交互中的动态安全管控。具体如下。

(1)安全审计

启用安全审计功能。审计覆盖到每个用户,对重要的用户行为和重要安全事件进行审计。审计记录应包括事件的日期和时间、用户、事件类型、事件是否成功及其他与审计相关的信息;应对审计记录进行保护,定期备份,避免受到未预期的删除、修改或覆盖等。如部署日志审计系统,通过日志审计系统收集操作系统、网络设备、中间件、数据库和安全设备运行和操作日志,集中管理,关联分析。

此类安全审计通常包括日常运维安全审计、数据库访问审计、Web 业务访问审计，以及对所有设备、系统的综合日志审计。同时，审计记录产生的时间应由系统范围内唯一确定的时钟产生（如部署 NTP 服务器），以确保审计分析的正确性。

(2)网络入侵检测

网络入侵检测主要用于检测和阻止针对内部计算环境中的恶意攻击和探测，诸如对网络蠕虫、间谍软件、木马软件、数据库攻击、高级威胁攻击、暴力破解、SQL 注入、XSS、缓冲区溢出、欺骗劫持等多种深层攻击行为进行深入检测和主动阻断，以及对网络资源滥用行为（如 P2P 上传/下载、网络游戏、视频/音频、网络炒股）、网络流量异常等行为及时进行检测和报警。

(3)恶意代码防范

恶意代码是指以危害信息安全等不良意图为目的的程序或代码，它通常潜伏在受害控制系统中伺机实施破坏或窃取信息，是安全计算环境中的重大安全隐患。其主要危害包括：攻击系统，造成系统瘫痪或操作异常；窃取和泄露文件、配置或隐私信息；肆意占用资源，影响系统、应用或系统平台的性能。恶意代码防护能够具备查杀各类病毒、木马或恶意软件的服务能力，包括文件病毒、宏病毒、脚本病毒、蠕虫、木马、恶意软件、灰色软件等，部署防病毒网关和杀毒软件，及时更新病毒库。

(4)数据完整性

数据完整性指传输和存储的数据没有被非法修改或删除，也就是表示数据处于未受损未丢失的状态，它通常表明数据在准确性和可靠性上是可信赖的。其安全需求与数据所处的位置、类型、数量和价值有关，涉及访问控制、消息认证和数字签名等安全机制，具体安全措施包括防止对未授权数据进行修改、检测对未授权数据的修改情况并计入日志、与源认证机制相结合以及与数据所处网络协议层的相关要求相结合等。

(5)数据备份恢复

数据备份恢复作为网络安全的一个重要内容，其重要性往往被人们忽视。只要发生数据传输、存储和交换，就有可能产生数据故障。如果没有采取数据备份和灾难恢复的手段与措施，就会导致数据丢失并有可能造成无法弥补的损失。一旦发生数据故障，组织就陷入困境，数据可能被损坏而无法识别，而允许恢复的时间可能只有短短几天或更少。如果系统无法顺利恢复，最终可能会导致无法想象的后果。因此组织的信息化程度越高，数据备份和恢复的措施就越重要。

(6)安全配置核查

在 IT 系统中，由于服务和软件的不正确部署和配置会造成安全配置漏洞，入侵者会利用这些安装时默认设置的安全配置漏洞进行操作从而造成威胁。特别是在当前网络环境中，无论网络运营者，还是网络使用者，均面临着越来越复杂的系统平台及种类繁多的重要应用系统、数据库系统、中间件系统，很容易因管理人员的配置操作失误而导致极大的影响。由此，通过自动化的安全配置核查服务能够及时发现各类关键资产的不合理策略配置、进程服务信息和环境参数等，以便及时修复。

5.2 "三张清单"

5.2.1 对浙江省数字化改革"三张清单"的理解

浙江省数字化改革"三张清单"指的是重大需求清单、多跨场景清单、重大改革清单。通过围绕"1＋5＋2"工作体系，进一步梳理改革需求，深入谋划多跨场景，厘清堵点、痛点、难点问题，以需求为导向，以多跨场景综合分析为关键，以改革破题打破瓶颈为核心，以数字化为手段，以多跨场景应用为重要抓手，推动数字化改革走深走实。

多跨场景应用是通过跨业务、跨部门、跨层级、跨区域、跨系统，以数字技术的深度运用呈现一项或者多项业务对象、功能、流程等要素特性的数字化环境。多跨场景的本质是改革,把改革任务贯穿场景谋划的全过程,通过建设场景应用打破瓶颈、重塑制度。通过把握多跨场景的起点的需求,做细需求分析工作,强化数字化思维、善用数字化技术,以技术融合、业务融合、数据融合促进实现多跨协同。同时坚持目标导向、问题导向、结果导向,按照"大场景、小切口"的思路,以流程再造思维和"一件事"的理念,推动形成一批多跨场景。

对浙江省数字化改革的路径的理解,可以从物理世界和数字世界两个层面展开。以构建需求清单、多跨场景清单、改革任务清单这"三张清单"为主要路径的物理世界改革,伴随着以需求场景化、场景数字化、数字价值化为特征的数字世界改造。物理世界的改革和数字世界的改造两者相辅相成,共同构建数字化改革的"双螺旋"路径。

物理世界的改革坚持需求导向、问题导向,以重大需求、多跨场景、改革任务"三张清单"为抓手,瞄准群众、企业和基层最有获得感的领域,以最需要的高频事项和最紧迫棘手的问题为改革突破点和制度重塑点,谋划和建设一批多跨场景应用,以点带面打造具有实际效用且辨识度高的数字化改革场景。

数字世界的改造对应物理世界的需求清单,把需求相关的数据进行感知、收集、传输,并对相关数据进行储存及加工等流程,把需求数据转化成场景化数字解决方案,即场景数字化;对加工过的相关数据进行使用、提取等环节,将场景化数字解决方案落地成数字化改革项目,实现数字价值化。物理世界的改革和数字世界的改造,是通过数据治理和制度重塑来进行链接和交替的,从而形成双螺旋上升路径。

总结来说,数字化改革就是通过需求倒逼、场景谋划、聚焦制度重塑,打造一批实战实效、管用好用的场景应用。

5.2.2　安地灌区数字化改革的总体进展

从 2002 年开始配套设备改造，到 2017 年开始信息化建设，再到 2019 年继续配套改造及信息化提升探索，安地灌区进行了一系列数字化改革的前期基础工作，如图 5-1 所示。

图 5-1　灌区数字化改革的总体进展

2021 年,金华市安地灌区续建配套与节水改造项目(2021—2022 年)信息化系统列入浙江省水利数字化改革第一批试点项目。试点项目的场景应用为"灌区用水管控和智能调度",场景应用从灌区用水精准预报、用水决策、智能调度等管理需求出发,解决灌区的需水、供水、配水、节水问题。

5.2.3　安地灌区数字化改革的建设内容

根据《浙江省水利厅办公室关于发布第一批全省水利数字化改革试点项目和试点单位的通知》(浙水办科〔2021〕10 号)的要求,安地"灌区用水管控和智能调度"应用场景主要建设以下内容:

(1)建立灌区基本信息和作物种植、产业结构信息数据库,建设一套完整的水位、水量、流量、墒情、渠系输配水控制等感知体系,对数据进行汇聚分析,实现对灌区的动态预警。共享水雨情、旱情信息,根据作物、群众生活生产需求分析预测未来一段时间灌区用水需求,结合来水情况以及预测分析,进行供需分析研判,提出用水管理措施以及调度措施。

(2)建立调配水智能决策模型、渠系输配水自动化控制体系,实现灌区用户需求反馈、动态用水调度的业务闭环场景,合理配置灌区水资源,统筹协调解决生产、生活和生态用水之间,上下游不同灌片之间的用水矛盾,实现灌区水资源优化配置、高效利用的水管理目标,保障灌区用水。

通过"灌区用水管控和智能调度"应用场景的构建,主要实现以下成果:

(1)统计监测灌区农业灌溉用水总量及亩均水量,在线测算分析各灌区农业节水或超定额用水的额度,计算农业节水奖惩资金和精准补贴经费额度,自动分析及预警灌区超定额用水情况,实现农业用水"自动测量、自动计算、自动预警"。

（2）补充建设包括水位和流量监测、水质监测、土壤墒情监测、安全巡测等系统在内的一套完整的感知控制体系，提高感知监测智能化，形成种类齐全、覆盖完整的智慧化感知监测体系。出台一套完整的水量、流量、墒情、渠系输配水控制等感知体系建设标准。

（3）搭建灌区种植智能识别、灌区用水预测等在内的灌区供需分析研判模型，实现自动生成用水预测、配水方案、调度措施建议，系统性地解决现代化灌区的供、配、控、管等问题。

（4）通过建设灌区调配水智能决策模型，合理配置灌区水资源，统筹协调解决用水矛盾，实现灌区用水的动态反馈及用水实时调整，实现灌区用水效率提升的整套闭环业务流程。

如图 5-2 所示为应用场景实现成果有关内容。

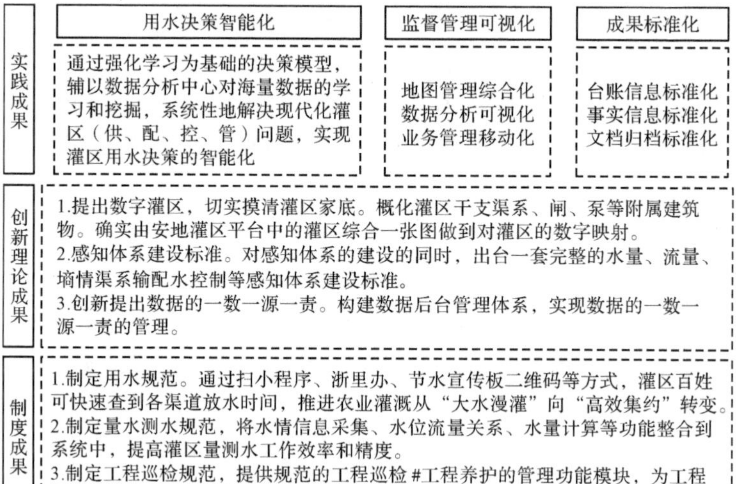

	用水决策智能化	监督管理可视化	成果标准化
实践成果	通过强化学习为基础的决策模型，辅以数据分析中心对海量数据的学习和挖掘，系统性地解决现代化灌区（供、配、控、管）问题，实现灌区用水决策的智能化	地图管理综合化 数据分析可视化 业务管理移动化	台账信息标准化 事实信息标准化 文档归档标准化
创新理论成果	1.提出数字灌区，切实摸清灌区家底。概化灌区干支渠系、闸、泵等附属建筑物。确实由安地灌区平台中的灌区综合一张图做到对灌区的数字映射。 2.感知体系建设标准。对感知体系的建设的同时，出台一套完整的水量、流量、墒情渠系输配水控制等感知体系建设标准。 3.创新提出数据的一数一源一责。构建数据后台管理体系，实现数据的一数一源一责的管理。		
制度成果	1.制定用水规范。通过扫小程序、浙里办、节水宣传板二维码等方式，灌区百姓可快速查到各渠道放水时间，推进农业灌溉从"大水漫灌"向"高效集约"转变。 2.制定量水测水规范，将水情信息采集、水位流量关系、水量计算等功能整合到系统中，提高灌区量测水工作效率和精度。 3.制定工程巡检规范，提供规范的工程巡检#工程养护的管理功能模块，为工程管理的精细化、流程化和痕迹化提供技术支撑。		

图 5-2 安地"灌区用水管控和智能调度"应用场景实现成果内容

安地"灌区用水管控和智能调度"应用场景的建设，一方面要满足浙江省数字化改革的要求以及浙江省第一批数字化改革试点项目的要求,另一方面要按照数字化改革的方法路径,以数字化为手段,准确理解和把握安地灌区当前阶段工作重点,以增量开发、循序渐进为推进模式,以需求为导向,以多跨场景综合分析为关键,以改革破题打破瓶颈为核心,以重大需求、多跨场景、改革任务实现为目标,以"三张清单"为抓手,体系化规范化地构建安地灌区的场景应用,如图 5-3 所示。

(1)需求清单

需求清单主要包含提升灌区用水精准预报的需要、实现灌区智能决策调度的需要、实现灌区工程安全风险管控闭环的需要、实现多跨高效联动的需要、实现灌区高效节水的需求。

(2)场景清单

场景清单主要包含基于灌区前置库及灌区综合地图,初步实现灌区数字孪生;基于实时感知监测信息,实现超阈值预警及工程安全监测分析预警和灌区用水自动测量;基于灌区的实时灌溉预报模型,实现灌区的用水决策管理;基于灌区渠系多目标配水模型,实现灌区的智能决策管理。

(3)改革清单

改革清单主要实现业务流程的重塑和体系标准的建设。数字化改革的目标是通过业务流程再造、制度重塑等,以数字赋能、高效协同、整体智治等推动质量变革、效率变革、动力变革。灌区的业务流程再造主要包含针对灌区动态预警流程的优化、灌区智能用水决策流程的细化。根据浙江省数字化改革的强化标准化建设的要求,要求建立数字化改革平台支撑标准、数据共享标准、业务管理标准、技术应用标准、政务服务标准、安全运维标准、系统应用集成标准等。安地灌区在摸清数据家底和利用现有感知控制体系的基础上,构建符合数字化改革要求的安地灌区数据管理的全生命周期的制度体系,出台一套完善的水量、流量、墒情、渠系输配水控制等感知体系建设标准。

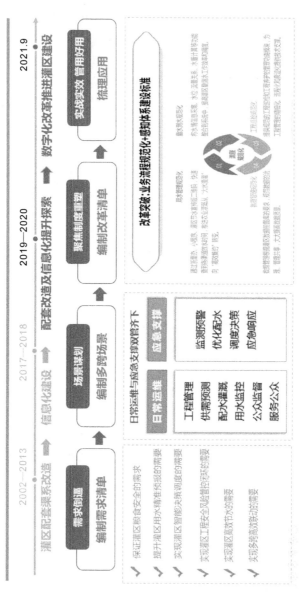

图 5-3 安地"灌区用水管控和智能调度"应用场景"三张清单"

5.3　"V"字模型

5.3.1　对数字化改革试点"V"字模型的解读

数字化改革的方法路径是按照系统分析"V"字模型持续迭代,将业务协同模型和数据共享模型的方法贯彻到数字化改革的各领域、各方面、各过程。"V"字模型通过贯穿数字理念,全新定义内涵,分解细化任务,按需归集数据,找准重点环节,做实场景应用,实现数字化改革,如图 5-4 所示。"V"字模型是数字化改革中进行业务梳理和数据集成的一种基本方法,包含业务协同模型和数据共享模型。

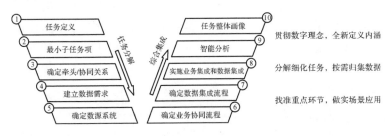

图 5-4　数字化改革"V"字模型

业务协同模型以"定准核心业务—确定业务模块—拆解业务单元—梳理业务事项—确定业务流程—明确协同关系—建议指标体系—汇总数据需求"为实施路径,从核心业务出发,逐层拆解到最具体最基本的事项,并从治理与服务两个维度加以标识,形成业务事项清单,逐一明确支持事项及业务流程的数据指标,实现事项的标准化、数字化,形成可认知、可量化的部门职责体系。对安地灌区业务协同事项进行梳理,实现跨部门多业务协同应用。

根据数字化改革的"V"字模型,数据共享模型以"形成数据共享清单—完成数据服务对接—实现业务指标协同—完成业务事项集成—完成业务单元集成—完成业务模块集成—形成业务系统"为路径,按照数据需求清单,逐项明确数据所在系统与所属部门,明确数据共享方式与对接接口,加快业务单元、业务模块的数据定义和系统开发,开发支撑部门职责体系的业务系统。

"V"字模型从"一件事"视角,持续迭代原有业务协同模型,建立新的系统集成的业务协同模型。同步推进数据共享模型迭代升级,打造一批多跨场景的综合应用,找到"破点—连线—成面—立体"的最优方案,推动数字化改革整体性优化和系统性重塑。

5.3.2 结合"V"字模型的任务清单

浙江数字化改革的核心方法路径,就是通过"V"字模型持续迭代。通过以需求为导向,以多跨场景综合分析为关键,以改革破题打破瓶颈为核心,将灌区业务协同子模型和灌区数据共享子模型贯穿到安地"灌区用水管控和智能调度"场景应用试点项目的建设中。

(1)任务分解:任务定义

安地"灌区用水管控和智能调度"场景应用通过倒逼需求,将灌区场景应用业务落实到最小颗粒度,再通过最小颗粒度的数据项明确数据责任权属,以及数据采集、应用调用、应用处理、生成目标所需要数据、应用展示以及应用整合迭代一系列的过程,实现对安地灌区场景应用核心业务事项的细化,实现由"经验管控"向"智慧管控"转变,实现"精准监测、实时研判、自动预警、精密智控",推动供水管控从有到好、从好到精的转变,如图 5-5 所示。

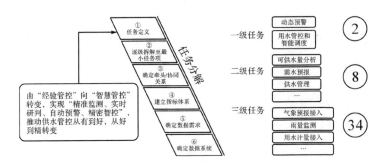

图 5-5　安地"灌区用水管控和智能调度"场景应用项目的任务定义与分级

（2）任务分解：逐级拆解至最小任务项

通过以需求为导向，以多跨场景综合分析为关键，对安地"灌区用水管控和智能调度"场景应用的核心业务进行逐级拆解、梳理。其中核心业务是基于职权责任体系和阶段性重大任务所形成的基础、重点、应急等工作事项，业务梳理是指行政机关和其他组织依据法律法规和规章对履行职权责任所形成的事务开展整理、汇总和分析，形成事项目录、业务流程和数据清单的方法。

（3）任务分解：确定牵头/协同关系

数据协同是指行政机关和其他组织基于业务协同需要，通过数据采集、数据归集、数据共享应用等实现业务目标的过程。安地灌区的数据协同部门主要有大数据局、各区防指、气象部门、乡镇、农业部门。具体的协同事项如图 5-6 所示。

序号	部门	协同事项
1	大数据局	共享各部门已经汇集的数据项，协调各部门未归集的数据
2	各区防指	共享预警指标、水库信息，山塘信息，实时雨量水位信息，各类检查的隐患信息跟踪处置情况
3	气象部门	协同推送气象预报数据，实时更新的暴雨预警
4	乡镇	协同提供村落名称、地理坐标种植户信息
5	农业部门	协同提供农作物种植情况信息、需水量反馈等数据

图 5-6　协同关系清单

（4）任务分解：建立指标体系

指标体系包括动态预警的建成覆盖率、用水管控的实时率和准确率、智能调度的实时率。

（5）任务分解：确定数据需求

通过将安地灌区核心业务细化到最小颗粒度，确定安地灌区的数据需求。具体数据需求清单如表5-1所示。

表 5-1　数据需求清单

数据名称	数据内容
基础底图数据	灌区范围线，行政区划，道路，水系，房屋，等等
工况数据	干支渠道，水库，河道，涵洞，隧洞，泵站，闸站，等等
监测数据	水位，流量，水质，渡槽，视频，雨量，闸站，墒情，等等
空间数据	种植物遥感数据，遥感影像，倾斜摄影，BIM 数据（卢家闸）
模型数据	输入数据（如土壤墒情、气象信息、田间水层、历史灌溉配水资料、配水现状信息、渠系配水网络图），输出数据（如灌水量、需水量、配水方案、干支渠需水量等），模型参数
运行数据	维修养护，安全检查，运行调度，工程检查，台账管理，应急管理，防汛抗旱等
管理数据	党建数据，值班数据，新闻公告，待办事项，审批流程，成果管理数据，等等
共享数据	农业局农业产业数据，自然资源局地理空间数据，应急局应急管理数据，气象局气象数据

（6）任务分解：确定数源系统

通过对安地灌区信息化现状的梳理，厘清安地灌区的数源系统。具体数源系统清单如表5-2所示。

表 5-2　数源系统清单

序号	数源系统清单
1	安地水库标准化运行管理平台
2	安地灌区标准化运行管理平台
3	梅溪河道标准化管理平台
4	铁堰水闸标准化管理平台
5	国湖提水泵站标准化管理平台
6	汪家垅水库标准化管理平台
7	安地水库灌区节水配套工程"智慧灌区"(一期)
8	金华数字河湖管理平台
9	水文采集系统
10	视频监控系统
11	气象局接入气象数据,农业部门收集种植物,自然资源局收集基础地理数据

(7)综合集成:确定业务协同流程

在部门核心业务数字赋能的基础上,推动跨业务流程再造、跨部门业务协同、跨行业数据共享,实现跨部门多业务协同应用。以"定准核心业务—确定业务模块—拆解业务单元—梳理业务事项—确定业务流程—明确协同关系—建议指标体系—汇总数据需求"为实施路径,对安地灌区业务协同事项进行梳理。各部门业务协同事项统计如表 5-3 所示。

表 5-3　业务协同事项清单

序号	部门	协同事项
1	大数据局	共享各部门已经汇集的数据项,协调各部门未归集的数据
2	各区防指	共享预警指标,水库信息,山塘信息,实时雨量水位信息,各类检查的隐患信息跟踪处置情况

续表

序号	部门	协同事项
3	气象部门	协同推送气象预报数据,实时更新的暴雨预警
4	乡镇	协同提供村落名称、地理坐标种植户信息
5	灌区	协同提供农作物种植情况信息、需水量反馈等数据

(8)综合集成:确定数据集成流程

数字化改革的目标是通过制度重塑,以数字赋能、高效协同、整体智治等推动质量变革、效率变革、动力变革。制度重塑是对法律法规和规章规定的职权责任体系和运行方式进行调整与重建,并进一步对组织机构、职能设置、责任分配以及相互关系进行创新的过程。业务流程再造是制度重塑中内生性的变迁,灌区业务的流程再造主要包含针对灌区动态预警流程的优化、灌区智能用水决策流程的细化、灌区用水"自动测量、自动计算、自动预警"等内容。图5-7以灌区智能用水决策调度场景应用为例,展示业务流程的分析,反映安地灌区是真正通过信息化满足老百姓的实际需求,实现"大场景小切口"的目标。

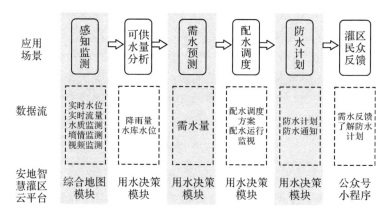

图5-7 安地智慧灌区数据集成流程图

5.4　制度重塑

数字化改革既是一片前景广阔的"蓝海",又是一片攻坚克难的"无人区"。我们必须从理论和实践上厘清数字化改革的主要关键问题,深刻认识到数字化改革是一场重塑性的制度革命,是从技术理性向制度理性的跨越,本质是改革,根本要求是制度重塑。这是数字化改革跟数字赋能最本质的不同。

根据"水利工程补短板"的建设思路和数字化转型的工作方案,结合灌区特性和运行管理需求,将灌区管理过程中涉及的管理决策信息数字化,建立健全水情、雨情、工程安全、闸位及图像的感知体系,数据上云,为管理决策提供覆盖灌区所有与运行管理相关的关键节点的感知监测信息。

结合水利"数字化"转型、水利部"智慧水利"建设、水利工程"三化"改革等工作要求,在信息监测、监视、监控站点及物联网构建立体感知体系并实现信息管理的基础上,做好信息收集、预测、决策、实施、统计分析、后评估等工作,并开展智能仿真、诊断、预报和云中心智能仿真建设,实现辅助决策、自动控制,通过更透彻的感知、更广泛的数据仓互联互通、更智能的决策分析依据,达到更科学和先进的管理。